獲利

尋找關鍵時機 all in 的
36個獲利根本模式

江南春 —— 著

要抓住流量的红利
更抓住品牌的复利。

目錄

第一章　戰略即方向

01　戰略是一致性的方向／011
02　成功的企業贏在趨勢之上／017
03　競爭的本質是對主動權的爭奪／022
04　追求增長應切換成價值創造／028
05　成為第一勝過做得更好／036
06　長期主義的本質是不斷穿越小週期／041

第二章　場景即定位

07　場景是喚醒需求最直接的方法／047
08　用場景創造價值增量／051
09　理清產品真正要滿足的場景／055
10　形成最有利於自己的差異化／060
11　有定位未必成功，無定位註定失敗／067
12　新消費品牌的定位戰略／073

第三章　產品即價值

13 好產品是形成品牌力的核心基礎／083
14 沒被占據的特性就是機會／091
15 需求的終點是人性／097
16 產品的價值應大於價格／102
17 聚焦單一特性才能提高競爭力／108
18 專注價值競爭，避免價格競爭／114

第四章　品牌即人心

19 品牌是企業最深的護城河／123
20 品牌是一種身分認同／129
21 勢能化是贏得品牌長期競爭的關鍵／136
22 流量紅利不如品牌複利／142
23 品牌的本質是心智認知／149
24 品牌增長需要心智和通路的雙重滲透／155

第五章　心智即陣地

25　占據有限心智，對抗無限貨架／165
26　心智占有率決定市場占有率／170
27　讓用戶形成更暢通的記憶連接／176
28　影響顧客需要先說服情緒再說服理性／183
29　低決策成本造就高行動數量／189
30　打破資訊繭房才能破圈成長／196

第六章　傳播即聚焦

31　行銷是一場心智的較量／203
32　高品質傳播是品牌增長的保障／209
33　廣告的本質是塑造正面認知／215
34　廣告的內容要瞄準顧客心智／221
35　廣告不僅要趁早打，還要持續打／228
36　過度依賴流量是自廢武功／234

後記／241
註釋／244
參考書目／246

第一章

戰略即方向

 **戰略是一致性的方向**

戰略就是讓你的企業與產品在潛在顧客的心智中與眾不同。戰略分為品牌戰略和企業戰略：品牌戰略是企業戰略的基本單元；企業戰略等於品牌戰略之和，就是發現新品類和定位的機會，並用品牌戰略去捕捉適當的機會。[1]

確定戰略目標有三條原則。（1）首先確定你的目標是現實可行的；（2）在資源相對有限的條件下，同一時間內，主要的戰略目標只能有一個；（3）戰略的短視一定會帶來急功近利的短期行為，一味地追逐短期目標就會成為投機者，即使苦心經營也很難走得長遠。可行性是戰略目標的首要標準，切忌同時追逐多個戰略目標，一定要遠離短期目標的陷阱。[2]

戰略能夠驅動戰術進入顧客心智。將戰術轉化為戰略的過程確定了一致性的行銷方向，迫使你聚焦單一有力的行銷行動。通常，競爭對手只在一個點上非常薄弱，這正是你要尋

找的、用以發展為戰略的戰術。

少則得，多則惑。好戰略是做減法，做少而正確的事。企業把精力分散在多個目標，就注定沒有太多資源能夠用在真正重要的事情上。因為資源始終是有限的，想做的太多，注定什麼都做不好，反而是化繁為簡、集中資源，更容易成功。

所謂戰略，就是有所為、有所不為。不能在非戰略機會點上消耗公司的戰略競爭力量，只有持續聚焦主航道，有所為、有所不為，才能不斷地提升公司的核心競爭力。什麼叫主航道？別人難以替代，又可以大量拷貝使用的就叫主航道。戰略只有懂得如何「略」，才能聚焦，才會有競爭力。

好的戰略，是做「減法」。戰略是企業的首要問題，戰略錯了意味著方向錯了，越努力反而離目標越遠。戰略要有取捨，企業不願意做取捨就很難建立清晰的定位，也很難有足夠的資源去占據定位。做「加法」是本能，做「減法」是智慧，只有聚焦、聚力才能產生強大的戰略穿透力。

戰略要懂得如何「略」，懂得犧牲才能穩固擁有。戰略不是企業要去做什麼，而是企業堅持不做什麼。不要企圖擁有全產品線，不要覆蓋各種各樣的目標市場，不要企圖吸引每一

類顧客，不要試圖追隨每一個潮流與風口，不在非戰略機會點上消耗公司的戰略競爭力量。

戰略不是「說出來」，而是「做出來」的。 戰略本身不是能力，使戰略落地並有效執行才是能力。只有戰略規劃，沒有運營與之配合，戰略就成了一句口號。企業不僅要喊口號，動作也要跟得上，投入更要跟得上。速度本身就是一種武器，戰略的真正目的是立刻行動。

如果在戰術上無法執行，最好的戰略規劃也毫無價值。 傳統的行銷模式是「自上而下」的：首先確定要做什麼，之後再計畫怎麼做。然而，行銷恰恰應該反著做：先找到一個有效的戰術，再將其構建成一個戰略。

管理是一種實踐，其本質不在於「知」而在於「行」。 彼得・杜拉克認為，企業管理必須產生績效，而產生績效的唯一途徑就是行動。沒有行動力和執行力的企業，任何決策都會失靈。所以杜拉克強調，管理應該重視實踐、重視行動、重視績效，管理者應該做到「知行合一」。要想把目標變成現實，唯一的出路就是行動。

正確的大都是難的，容易的大都是錯的。 越是容易的事情，

越是看起來像捷徑的事情，本質上都是一種戰略上偷懶的行為。抄近道、走得快的企業最終都是要補短板的。企業應該把資源和精力集中在那些難而正確的事情上，而不是四處撿一大堆芝麻。

戰術是解決當下，著眼於存量；戰略是創造未來，著眼于增量。亞馬遜創始人傑夫·貝佐斯說：「如果你考慮今後一年幹什麼，馬上就會想到很多競爭對手。如果你考慮三年以後幹什麼，會發現對手就少多了。如果你思考的是五年、七年，甚至十年以後該做什麼，就想不起來誰是你的對手。」你若執著於戰術級的努力就會陷入閉環，所有的行為都是當下的。不要用戰術上的勤奮掩蓋戰略上的懶惰。

不要贏了眼前，卻輸掉了未來。高明的管理者，總是把打勝仗的重心放在戰略布局上，著眼於布長遠之局、未來之局，以終局決定布局，而不是只關注一時或一地的得失。太看重短期的得失，反而會損害長遠發展。[3]

戰略不是我們未來做什麼，而是今天做什麼才有未來。杜拉克說過，未來只有兩點是可以肯定的：（1）未來不可預知；（2）肯定和我們預測的不一樣。沒有人能預測未來，在不確定的市場環境中，創造未來比預測未來更重要。企業管理者

的一項具體任務就是把今天的資源投到創造未來中去。創造未來是推出新產品或服務，開啟新品類的潛能。

不在非戰略機會點上消耗企業的戰略力量。 集中兵力看起來容易，實際做起來很難，大家都知道以多勝少是最好的辦法，然而企業卻經常分散兵力，就是因為管理者缺乏戰略頭腦，在複雜的環境中迷失。集中兵力的前提是知道在什麼地方集中，該在什麼時間集中。勝利屬於能夠在決定性地點集中起最大兵力的一方。[4]

以不變應萬變，以確定性對抗不確定性。 面對未來的不確定性，企業戰略應當如何展開？一是進化思維，與時俱進，針對不確定的環境進化出一種新戰略，指引企業走出不確定；二是以不變應萬變，找到不確定性裡的確定性，找到複雜商業中的終極戰略。

越是不確定的環境，越要把握確定的因素，用自身的確定性來應對環境的不確定性。 戰爭取勝的一條重要法則是不要先想著贏，要先保證自己不輸，然後再尋找戰勝對手的機會。在不確定的競爭環境中，你能確定的是先立於不敗之地，不打無把握之仗，耐心等待戰略性的機會。而要做到這一點，一需要眼光，二需要定力。[5]

在競爭環境中一定要識別並牢牢抓住當前最關鍵的戰略目標。 競爭戰略中的一條重要原則是，你必須知道自己要什麼、不要什麼，必須知道自己先要什麼、後要什麼。必須識別出什麼才是當前真正的關鍵性戰略目標，然後按照輕重緩急對目標進行排序。為此只有暫時放棄其他目標，才能保證關鍵性戰略目標的達成。[6]

戰術決定戰略，戰略推動戰術。 如果戰略是錘子，戰術就是釘子，滲透是由釘子完成的，而不是錘子。你可以擁有世界上最強有力的錘子（戰略），但是如果沒有敲在正確的釘子（戰術）上，行銷活動就不會有效。

不要為了戰術的勝利而偏離戰略目標，也不要用簡單的戰術組合去取代戰略。 戰爭中經常有這樣的例子：贏了眼前，卻輸掉了長遠；贏了局部，卻輸掉了全局。戰爭史給企業管理者的一個教訓是：過於陷入對局部的爭奪，反而會失去對全局的把握。有很多企業因為太看重短期的業績，反而損害了公司的長遠發展。要著眼于布長遠之局、未來之局，而不是只關注一時或一地的得失。[7]

 ## 成功的企業贏在趨勢之上

杜拉克認為，企業家不是做管理，而是要把握未來的趨勢。企業家面臨的最大挑戰就是在確定的現在與不確定的未來之間做出正確的判斷。必須分清楚哪些是趨勢，哪些是潮流。忘掉短期潮流，把握長期趨勢，才能把握未來。

在不確定的環境中，創造未來比預測未來更重要。環境是戰略的最大變數之一，在動態的市場環境中，戰略意圖一定要深思熟慮，而且要始終不變。同時，還要保持對形勢變化的洞察力，在變化中把握機會，在不確定性中創造機會。機會一旦出現，就要果斷地在選定的方向上投入強大的資源，一舉打開局面。[8]

戰略制定三部曲：預測─破局─ALL IN。《孫子兵法》講：「激水之疾，至於漂石者，勢也。」湍急之水能將巨石沖走，這就是勢的力量。「鷙鳥之疾，至於毀折者，節也。」鷹隼迅飛猛撲，以至於能將鳥雀捕殺，是靠掌握發動的時機和距

離。因此善戰者講究「擇時取勢」，放大資源效能。預測是判斷行業大勢，破局是尋找關鍵時機，all in 是全力投入資源。

企業要做趨勢的推手，而不是趨勢的對手。 為了找到有效戰術，你必須深入一線，前往商戰真正發生的地點。一線在哪裡？在你的顧客和潛在顧客的心智中。為了確保你的戰術能適應未來，你必須瞭解所在品類（產品類別）的發展趨勢，使企業定位符合市場的長期趨勢。

在一個確定的方向上持續不斷地投入和積累資源，可以讓企業獲得戰略的複利。 市場競爭中的一條重要原則是：不要輕易分散你的資源，不要把時間和資源浪費在那些失敗的產品和虛弱的發展上，要果斷地將大部分資源都集中於鞏固和強化可以取得長遠優勢的方向上。[9]

企業家的主要時間應該花在能產生複利的事情上。 杜拉克曾說：「有效管理者與其他人最大的區別不是別的，而是他們對時間的管理。」有些管理者在戰術上過於勤奮，做了太多不具有累積價值的事，不斷地與平臺、演算法和不確定的市場博弈，只會越來越忙、越來越焦慮，因為沒有忙在可以帶來複利的事情上。

商業的本質應以是非來決定，而不是以短期得失來判斷。是非即成敗，做「是」的事情就成，做「非」的事情就敗，而這當中會使人感到焦慮是因為短期的得失，做「是」的事情短期不一定得，做「非」的事情短期也不一定失。然而，最好以是非來判斷決策，而不是得失。

誰掌握了消費的風向標人群，誰就掌握了未來。消費升級背後的動力一是中等收入人群努力打拼之後的自我補償和自我獎賞，二是成為更好的自己，實現人格的自我躍遷。

忘掉短期熱點，把握長期趨勢。熱點就像海洋中的波浪，而趨勢則是海洋中的大潮。熱點總會得到大肆炒作，而趨勢卻很少會引起人們的注意。熱點是可見的，像波浪一樣來去匆匆；而趨勢則像大潮，其力量將在長時期內持久存在。

更加努力不是行銷成功的關鍵，出其不意、攻其不備才是。很多企業制定戰略是和品類的領導者做相同的事情，並努力做得更好，如同一位將軍所說：「無論我們在哪裡戰鬥，只要我們更拼命，我們就能贏。」歷史卻恰恰相反：成功的將領會研究形勢，採取對手最意想不到的大膽行動。

與顯而易見的「真理」反向走，對立的觀點總是有市場。趨

勢通常包含很多緩慢的變化，而風尚就像時尚，來得快去得也快。大多數公司都急切地追隨風尚，如果你選擇相反的方向則往往會成功。觀察行銷戰中的贏家和失敗者，你會發現大量成功的產品都是與當時的風尚背道而馳的。

打敗你的不是更好的產品，而是全新的產品或技術。 如今的公司以越來越快的速度複製彼此的優勢和戰略，使差異化越來越難以實現。公司之間變得越來越相似，利潤率也隨之降低。解決這一困境的最佳方法是培養戰略創新能力和想像力。

戰略創新的本質是「得民心者得天下」，要將內部運營優勢與顧客認知優勢緊密連接。 當前，不確定性已是一種經濟常態，企業家的一項重大責任便是在不確定性中去發現新機會。把內部運營的領先優勢轉化為外部顧客的認知優勢，打造內外相互加強的戰略系統，方能增強在未來的確定性。

不確定的是環境，確定的是你的競爭力和應變力。 許多行業都在加速分化，品牌集中度將會大幅上升。在充滿競爭的環境中，總會有有雄心的公司提前一步搶市場、打品牌、占占有率。

快速崛起的中等收入人群正在重塑消費市場，他們定義了品牌、引領了潮流。 中國已經有 2.25 億的中等收入人群，2025 年會出現 5 億中等收入人群。未來要成功的品牌應該牢牢地鎖定和影響這些主流消費者。因為這些人是意見領袖和口碑冠軍，是消費的風向標人群。

與其追逐短期風口，不如把握長期趨勢。 成功的企業是贏在趨勢之上，必須分清楚哪些是長期趨勢，哪些是短期的風口與熱點。把握長期趨勢才能把握未來，過度追逐熱點，缺乏與品牌核心價值的結合，只會浪費企業的精力與資源，無益於品牌心智的建立。

忘掉短期潮流，把握長期趨勢；不要依附流量，轉而依附心智。 為什麼大多數網紅品牌都是曇花一現呢？核心原因是它們重潮流、輕趨勢。有發展潛力的新品牌一定是吻合大趨勢，能夠穿越消費者偏愛週期的，而不是迎合當下的潮流化、風尚化。依託潮流建立起的新品類的生命週期非常短暫。

新品牌的入局從洞察消費者需求、瞄準趨勢賽道開始。 消費升級時代，每一級消費者都有獨特的需求和個性，中高端需求開始湧現。一些傳統品牌無法滿足消費者的多樣化審美和個性需求，這就為細分領域的品牌留出了市場機會。

 03　競爭的本質是對主動權的爭奪

競爭是一種假設，被替代才是威脅。所謂「替代者思維」，就是著眼于如何為顧客創造無可替代的價值，建立競爭壁壘，提高顧客的替代成本，而不是僅僅關注競爭對手在做什麼。企業要時刻警覺誰能夠替代自己的價值，這個掃描範圍遠比競爭對手大得多。

無形成本和無形價值才是品牌競爭的關鍵。在超競爭時代，性價比等於有形價值與無形價值之和除以有形成本與無形成本之和。信任是最大的無形成本，想提升性價比就要盡可能地降低信任成本，品牌是降低信任成本最有效的方法。越是注意力稀缺的時代，品牌越重要。因此在可估價的有形價值之外，消費者還為可以彰顯品位、身分的無形價值買單。

競爭越激烈越要快速行動，只有速戰才能速勝。領導品牌防禦過度比防禦不足更安全。面對競爭對手的進攻，行業領導者要麼不屑一顧，要麼靜觀其變，這都是危險的做法，正確

的做法應該是充分阻擊、及時壓制。

把關鍵資源集中到關鍵地點，才能最有效果和最有效率地利用資源。沒有一家企業有足夠的資源在所有方面壓倒對手，因此在市場競爭中，集中兵力意味著必須有意識地將若干陣地讓給競爭對手，而且還要使次要目標占用的資源減至最低程度。[10]

側翼戰破局的核心是避實擊虛。如果想在對手布下重兵的市場展開攻勢，必須有三倍甚至五倍的兵力資源才有可能與對方打成平手。任何一個組織的資源都是相對的，強和弱就像硬幣的兩面，要選擇對手的弱點作為打擊目標。

企業在獲得領先地位後，要確保市場知道這一消息。很多企業認為它們的領導地位是理所當然的，因而從不利用；或者在取得了初步領先之後就停止了行動，沒有對已取得的成果加以鞏固，這就為競爭對手敞開了大門。企業一定要當著對手的面把門緊緊關上。鞏固成功的原則是乘勝追擊，爭取獲得最大的勝利。

進攻戰的原則是找到領導者的弱點出擊。進攻戰適用於位居市場第二的企業：（1）領導者的強勢地位是重要考量因素；

（2）找到領導者的弱點出擊；（3）盡可能地收縮戰線，集中優勢資源從單點擊破對方的防線。[11]

快速行動會縮短對手複製或瓦解我方優勢的時間，同時可以加強我方行動的震撼性。美國海軍陸戰隊作戰條令中強調：「速度本身就是一種武器，通常是最重要的武器。」市場行動不出手則已，一出手就要乾淨俐落，以對手難以承受的速度和節奏，以爆發性的力量長驅直入。行動快速的話，競爭對手預先察覺或準備回擊的時間就會縮短。[12]

牢牢控制對抗的主動權是取勝之道的核心。市場競爭本質上是圍繞主動權的爭奪。要引導對手進入那些對你有利而對他不利的領域，以對你有利而對他不利的方式進行較量，這樣才能最大限度地發揮自己的優勢，最大限度地暴露和利用對方的劣勢。[13]

領先不在於企業有多大，而在於企業所在的細分領域有多強。企業做大並不等同於領先，大的企業很有可能會分散自己的注意力，從而沒有辦法專注於細分領域。任何一個企業都不可能在所有領域獲得冠軍，否則就會掉入「大而不強」的陷阱當中。企業想取得超額利潤，必須在某個細分市場處於領先主導地位。

取勝之道的原則之一是運用最關鍵的資源去解決最關鍵的問題。 在決定性的時間、決定性的地點形成決定性的優勢,是戰爭取勝的根本法則。市場競爭中也是如此,企業在集中資源和力量於較少或較有限的目標時,可能會得到更大的收益。[14]

市場的相對跟進者應該打「游擊戰」,守住自己守得住的山頭。「游擊戰」適用於本地或區域型企業:(1)找到一塊小得可以守住的陣地,做透一個單點;(2)無論多麼成功,絕不能像領導者那樣行動。

忘掉短期熱點,把握長期趨勢。 菲利普‧科特勒認為,當市場的領導者厭惡風險,執著于保護現有的市場占有率和物質資源,並且對企業效率和利潤而不是創新更感興趣時,他們往往就會錯過長期趨勢帶來的機會。

細分不是為了做小,是為了更好地做大。 企業在沒有足夠的實力時,最該做的是聚焦細分市場。企業的資源總歸是有限的,將有限的資源投入最易取勝的戰場,才有可能集中優勢兵力作戰。有所為有所不為,懂取捨能聚焦,選擇有利於自己的戰場,就成功了一半。

避開主戰場的正面對抗，開闢新戰場的側翼進攻。要想贏得心智爭奪戰，就不能同定位強大、穩固的企業正面交鋒，可以從側面、底下或頭頂上迂迴過去，但決不要正面對抗。雖然跟風有時對跟隨者也會管用，但這只有在領導品牌沒有及時建立定位的情況下才會發生。

用「內卷」的方式競爭，總有一天要「躺平」。企業如果在競爭中出現「內卷」或「躺平」的情況，就是陷入了同質化競爭的兩個必然階段，即過度競爭和黯然退場。這本質上是一種低水準的重複和競爭，陷入促銷或流量中難以自拔。找到一個有競爭力的切入點，在消費者心智中成為品類的首選，才是防卷的秘笈。

品牌要抓住時間視窗進行飽和攻擊，占據心智制高點，形成壓倒性優勢。在競爭中造勢，就要造出壓倒性的優勢，集中幾倍於對手的資源，在最關鍵的戰場上形成絕對優勢，使對手陷入極為不利的態勢之中。對於企業來說，造勢就要築高競爭平臺，搶先控制制高點，以形成降維打擊（全面輾壓式打擊）。[15]

與其模仿不如對立，與其更好不如不同。很多公司試圖模仿領先者，以為模仿「老大」就可以成為「老大」，以為模仿

對手就可以打敗對手。事實上模仿得越像，越無法打敗對手。跟隨者的模仿行為也會強化領先者的地位，高明的做法是尋找一個能令你與領先者相抗衡的對立屬性。

如果你是戰場上的「老三」，就要聚焦垂直地帶，建立自己的根據地。 當行業已經湧現出數一數二的佼佼者，「老三」的競爭策略是做聚焦，從細分領域入手，準確把握用戶需求，將有限的資源集中到其擅長的核心領域之上。

研究競爭對手的最終目的不是幹掉對手。 研究競爭對手往往不是為了幹掉對方，而是去發現競爭對手忽視的顧客需求點、未滿足的顧客痛點，從而更好地滿足顧客未被對手滿足的核心需求。絕不能離開顧客談競爭，一旦過度看重競爭，動作就容易變形。

04 追求增長應切換成價值創造

增長是站在用戶角度創造差異化價值，並不斷沉澱和積累價值。 企業如果被增長的預期綁架，就很容易陷入不斷惡性循環的怪圈，或盲目跟隨對手而不做開創性的事情，或計算自己的利弊得失而不去關注用戶，或一味抓取資源、流量而非積累價值，這些都會讓企業離增長越來越遠。

破除增長焦慮的唯一方法是把追求增長的視角切換成價值創造的視角。 許多企業沉浸在優化效率、抓住流量、完成增長的思路裡面，不斷開發產品、研究流量、優化組織、提高能力，但就是很難實現突破，一直在原地徘徊，好像進入了增長瓶頸，越想要增長離想要的增長越遠。

品牌拉力應與通路推力協同進行，形成有效的「推拉合力」。 品牌的增長大都可以歸於兩點：品牌拉力和通路推力。品牌拉力即品牌對消費者的吸引力，也就是使得消費者在眾多商品中主動選擇自己的能力；通路推力即消費者想要購買產

品時，你的產品是否更容易觸及和獲取。

企業真正需要的是圍繞品牌定位的肌肉型增長。企業要識別三種增長：符合和強化品牌定位的增長，屬於肌肉型增長；偏離品牌定位、令品牌負重前行的增長，屬於肥肉型增長；破壞品牌定位的增長會讓企業失去存在的理由，屬於腫瘤型增長。

企業最危險的錯誤就是把「發胖」誤認為成長。管理學大師杜拉克認為，把企業「發胖」誤認為成長，是最危險的錯誤。定位理論也指出，企業要識別真正的增長，沒有構建品牌核心優勢、沒有被顧客主動認知和選擇的增長，只能屬於肥肉型增長，甚至是腫瘤型增長。企業需要的是肌肉型增長，以獲得顧客的主動選擇或優先選擇。

增長型客群往往具備三個核心特徵。（1）人群數量可觀，並且未來仍然呈增長趨勢；（2）人群收入水準及消費水準較高（購買頻次高或商品單價高）；（3）對價格不過於敏感，追求生活品質，出於興趣愛好或精神享受而消費。

實現增長最重要的途徑是在大趨勢中搶先一步進行創新，為顧客創造價值贏得口碑，不斷積累和沉澱核心價值。而企業

如果被增長的預期綁架,就容易變得投機,盲目抓取流量而非積累價值,盲目跟隨對手而非進行創新,過度計算利弊得失而非關注顧客。

品牌才是核心能力,決定企業長期賺錢的能力。判斷一個企業的價值,往往不是看它眼下能賺多少錢,而是看它未來能夠穩定、持續、低風險地賺多少錢,所以衡量企業價值的指標就是它的核心競爭力。核心競爭力決定了企業穩定、持續、低風險贏利的能力,為長期贏利提供了確定性。

品牌的高度就是增長的空間。企業的增長路徑主要分兩種:一種是促銷,促銷可能在起步階段有效,促多了就變成不促不銷;一種是依靠流量,抓住流量紅利在起步階段也有效,但是流量成本在之後會越來越高,投放 ROI 逐漸走低,紅利終將不再。既要增長又要贏利,那只有一個方法:打造品牌。

做很容易的事,就很容易失敗。降價促銷是所有行銷策略中最容易的,砸錢投流量也是如此。如果一個企業驅動增長的策略只是最容易的手段,本質上就沒有任何核心競爭力。企業應該做「難而正確的事情」。正確的決策大都是難的,簡單的決策大都是錯的。一味地做容易的事情,到了關鍵時刻

會發現自己已經失去了打硬仗的能力，那就很容易失敗了。
16

當市場滲透率達到臨界點時就會自動引爆，實現指數級增長。一個市場包括四種人群：決策者、購買者、體驗者、傳播者。網際網路只能收集目標市場中部分消費者的資料，而效果廣告也往往只投放到有資料支援的使用者，忽略了其他類型的人群和他們之間的相互作用，市場滲透率難以達到引爆的臨界點。

可持續增長需要品效平衡，品牌力驅動疊加數位化形成聯動。凱度研究顯示：所有銷售中，70%的銷售是在中長期發生的，由品牌資產貢獻，而短期直接轉化實現的銷售只占30%，品牌資產所帶動的中長期銷售效果被嚴重低估。

當品牌增長出現乏力時，對內要拉動復購、提升轉化，對外要提升拉新、突破圈層。從品牌用戶到競品用戶、品類用戶，再到跨品類用戶、場景用戶，只有不斷突破圈層才有可能保持增長，尤其是在跨越鴻溝的階段。實現指數級增長更是如此──流量、破圈、轉化、運營、沉澱心智。

企業增長要從量變到質變，品牌行銷要從流量到恆量，核心

在於聚焦、聚焦、再聚焦。聚焦核心產品，減少長尾產品，因為核心產品能貢獻 90% 以上的收益；聚焦品牌價值，減少促銷和流量依賴，累積品牌才能享受時間的複利；聚焦改變顧客行為，減少無效投放，高頻打透核心媒體、核心人群才能驅動消費者行為改變和市場格局改變。

品牌的知名度，代表了品牌的滲透力。品牌的增長來源不僅是重度使用者，而且有很大部分是輕度使用者與非使用者，他們共同擴大品牌的總體銷售量。原本不熟悉品牌的輕度使用者和非使用者在產生購買需求時，通常選擇品類裡知名度更高的品牌。

創新不是在同一條曲線裡漸進性改良，而是從一條曲線變為另一條曲線。「創新理論」鼻祖約瑟夫・熊彼得說：「無論把多少輛馬車連續相加，都不能造出一輛火車；只有從馬車跳到火車上的時候，才能取得 10 倍速的增長。」管理學大師查爾斯・韓第將這種「從馬車跳到火車的跨越式增長」稱為「第二曲線」式增長。只有非連續性地跳到第二曲線裡，才能夠取得 10 倍速的增長。

為增長而增長是個陷阱。你能對自己做的最糟糕的事情就是讓自己的身分模糊不清，因為這為聚焦清晰的專業型競爭對

手敵開了大門。

有效的行銷增長計畫在於接觸盡可能多的潛在顧客。 僅針對某個特定類型的顧客群開展行銷活動，很難為品牌帶來持續的銷量增長。如果品牌想保持增長，就必須去接觸輕度及潛在顧客。因為這群顧客數量龐大，而且本來就不經常購買，如果不多去接觸這群顧客，他們很容易就會忘記這個品牌。

品牌行銷應把目標放在盡可能全面的人群上。 對品牌增長貢獻最大的往往並非老顧客，而是輕度顧客，所以不要糾結對顧客的覆蓋是否精準，過於精準可能會錯失潛在的輕度顧客。假如你是輕度顧客，今年只買一次某種商品，那麼很可能會選擇該品類的第一品牌。因為輕度顧客不願花費更多時間研究，更傾向於從眾性選擇。市場占有率越大的品牌往往會吸引更多的輕度顧客。

品牌增長的核心驅動要素是大滲透。 品牌行銷應把目標放在盡可能全面的人群上。要在池塘捕魚，大池塘肯定比小池塘更有利。在大池塘想要有效捕魚，就要用大一點的網，覆蓋面越廣，越能幫你一網打盡。

馬太效應加速分化，龍頭品牌強者恆強。 凱度消費者指數的

獲利

研究表明，新品對於品牌增長和擴大市場占有率至關重要。凱度在過去五年連續追蹤全球 17 個市場、8900 個品牌的表現發現，龍頭品牌在創新和翻新方面的市場占有回報率是普通品牌的 3 倍。品牌越早占領消費者心智中的席位，越容易贏得馬太效應的先機。品牌是商業世界裡最大的馬太效應，消費者面對不同品牌所呈現出來的強和弱，會下意識地在頭腦中形成判斷的優先順序。在優先順序的促使下，他們會對那些更有名、更強大的品牌，給予更多的關注和褒獎，從而使它們變得更強大。換言之，使品牌真正形成馬太效應的是消費者。

品牌增長是由滲透率驅動的，滲透率不足難以達到引爆的臨界點。 根據行銷大師菲利普・科特勒的 STP 理論，要聚焦一個關鍵細分市場，高密度覆蓋消費者，當市場滲透率達到臨界點時，整個市場就會自動引爆，實現指數級增長。10 個市場 1% 的滲透率不如一個市場 10% 的滲透率，因為一個市場 10% 的消費者會引爆剩餘 90% 的消費者。

品牌行銷應擴大至更廣的覆蓋面，觸及並拉動輕度與新使用者。 市場行銷學教授拜倫・夏普在《非傳統行銷》中提出，品牌應把市場目標放在盡可能全面的人群上，真正帶動生意增長的往往不是品牌的重度使用者，而是品牌的輕度或新使

用者。

企業要創造未來的指數級增長,就要找到並堅持品牌的複利曲線。很多企業只關心不斷改變,卻忘記了一個本質性的問題:「重複+『上癮』+長期主義」才是商業的核心奧義。當然,重複之前,先選擇、判斷、衡量什麼是值得重複的。一旦找到,就要義無反顧地打透。

05 成為第一勝過做得更好

商戰是一場各種認知之間的較量，品牌定位時要堅持「第一法則」。 做品牌要懂得心理暗示，而且要搶先對消費者進行心理暗示。市場行銷中存在著一種「認知定律」：你先說了，這個心理暗示所產生的效果就是屬於你的；第二家再這樣說，效率就遞減。

什麼是第一？第一個占據消費者心智的叫第一。 在一個具有較大的市場空間的行業中，如果沒有領導品牌，封殺品類往往是收益最高的選擇；如果你已經是領導品牌，拓展品類和自我疊加才是最正確的選擇。

占據了第一，品牌故事才動聽。 只要心智中存在空位機會就要搶先占據，占據了第一，你的品牌故事才動聽。與之相反的是，你很難僅僅通過動聽的品牌故事成為第一。只有用戶的認知是空白的，才有機會去搶占一個位置。

成為第一勝過做得更好。 成為細分品類的第一，是打造品牌的最佳途徑。當你開發了一個新產品，首先要問自己的並不是與對手相比有何優勢，而是這個產品能在哪個品類成為第一。在潛在顧客心智中先入為主，要比讓顧客相信你的產品優於該領域的首創品牌容易得多。如果不能第一個進入某個品類，那麼就創造一個品類使自己成為第一。

開創並主導一個新品類，是打造強勢品牌的最佳途徑。 品類創新對於剛剛起步的中小企業來說具有兩大重要優勢：一是創造吸引力，創造目標客戶群的關注度；二是擁有短期內的自主定價權，因為有了創新，所以新品類、新品牌通常具備高溢價能力。

創業公司千萬不要做很泛化（一般化、普遍化）的事情，一定要聚焦。 不斷反覆敘說自己的獨特性和行業領導性，讓自己的品牌成為標準，成為常識，成為不假思索的選擇。只有消費者認為你是行業的領導者，你才是真正的領導者。

成為第一，廣而告之。 每個品類都有領先品牌，但不是每個領先品牌都被人們所知。企業一旦獲得了領先地位，就要讓市場知道這個事實。當你爬上了山頂，最好插上旗子並廣而告之，否則市場上的跟隨者就會想方設法認領原本屬於你的

東西。

品牌在所屬品類確立了主導地位，就應該把戰略轉向擴大市場。 戰爭的最終目的是贏得和平，迫使競爭者轉入零散的「游擊戰」。如果實現了市場和平，領導者就可以改變戰略，把重心轉向拓展品類，而不再是拓展品牌。[17]

品牌戰略聚焦是心智戰場上的認知聚焦和物理戰場上的運營聚焦。 主導一個品類，既要認知聚焦也要運營聚焦。認知聚焦是品牌必須主張一個獨特而有價值的定位，並保持資訊傳達的一致性。運營聚焦是消除無效或低效的運營活動，從而提升運營效率。

企業如果占據了主導性的市場占有率，利潤就會隨之而來。 搶占市場占有率才是企業最為簡單而有力的目標，而非利潤。當出現市場機遇時，企業的第一要務應該是搶占主導性的市場占有率，然而現實中，太多企業在地位未穩之時就開始追逐利潤了。

打好防禦戰，龍頭品牌將強者恆強。 在商戰中，處於不同市場地位的企業要制定不同的策略去尋找機會。防禦戰適用于市場領導者：（1）只有市場領導者才能打防禦戰；（2）最

佳的防禦就是有勇氣自我攻擊；（3）必須不惜代價封鎖對手的強勢進攻。[18]

大而不強，不如小而首選。做大並不等於領先，大的企業很可能會分散精力和資源，從而沒有辦法專注於細分領域，結果就是掉入「大而不強」的陷阱中。而在細分市場處於領先地位的企業，最大優勢就是「屏蔽效應」。一旦你的品牌成為首選，在消費者大腦中就已經屏蔽了競爭對手。

不能成為龍頭，等於默默無聞。生存下來的最好方法就是成為龍頭。原因是同一個品類中，消費者的大腦裡存放不下那麼多供應者。在消費者心智中，只有數一數二的企業才能存活。如果在心智中不能成為數一數二，那麼和默默無聞沒什麼區別。

小公司要做減法，才有機會做大。如果主流賽道被成熟品牌所主導，那用戶心智中就很難再容下另一個同類型品牌。小公司要做減法而非加法，只有焦點明確的概念才有機會進入消費者心智，將所有資源、精力聚焦于消費者心智中最易取得優勢的核心點，開創並主導一個新品類，其價值遠大於做主流賽道的跟隨者。

品牌兩極法則：要麼做第一，要麼做唯一。 新品牌的創建基本可以分為三段路程：選準賽道，完成品類創新，做到細分類目第一。接下來就是將這一起步優勢持久地保留下來，迅速成為顧客心智中的唯一。成功的品牌是另闢賽道，成為新品類的開創者，而不是跟隨者和模仿者。

品類領導者要時刻關注小企業的動向，從而實現品牌的不斷進化。 品牌在取得品類領導地位後，會因企業規模的不斷擴大和日漸臃腫而減弱對市場的敏感，甚至喪失創新能力。而在夾縫中求生存的小企業卻能始終貼近戰鬥前線，更易捕捉和把握消費趨勢，更具創新力。經營品牌資產就是日復一日在消費者心智認同和價值創新上持續投入。

06 長期主義的本質是不斷穿越小週期

商業的本質應以是非來決定，而不是以短期得失來判斷。在複雜的經營環境中，企業經常會遇到「做什麼」「不做什麼」之類的困惑。堅持自己的目標，不為一時的誘惑所動是很不容易的。清晰的是非價值觀可以給企業提供清楚的準則、明確的方向以及持續的動力。如果企業把成功寄託在熱點和風口之上，那麼熱點與風口的壽命就是企業的壽命。[19]

長期主義的本質不是跨越大週期，而是不斷地穿越小週期。堅持長期主義是擁有一種能穿越小週期、看透大週期的能力，並據此行動。新消費品牌通過不斷地向消費者傳遞信號，穿越從產品到品牌、從競品到品類、從跨品類到場景的小週期，最終在消費者心智中建立起自己獨有的認知。向消費者傳遞信號的原則是：信號源要強、信號覆蓋廣、信號不能斷。

越是想走捷徑，越容易繞遠路。企業最核心的戰略是把握正

確的方向、做正確的事情。只想賺快錢的公司，通常來得快去得也快，試圖走捷徑、抄近道，最後往往都繞了遠路。真正的長期主義者從不屑於取巧走捷徑，只會穩紮穩打地布大局。

機會主義的「因」長不出長期主義的「果」。很多創始人經常會談長期主義，但其實更常見的是機會主義，什麼火就趕緊做什麼，疲於追逐風口。專注是成功之道，很多人總是擔心會有不好的結果，其實最怕的是沒有把「因」種好。「因」決定了「果」的產出，懷著什麼樣的心做一件事，就會收穫什麼樣的「果」。

堅守長期主義，才能穿透時間週期。人們往往高估了短期的動能，又低估了長期的勢能，只有堅守長期主義的人才能成為王者。吳曉波在 2021 年年終秀中說，商業世界中如果有所謂的「天、地、人」，「人」指的就是我們自身，我們每個人的個人成長；「地」就是我們所從事的大大小小的事業，我們所在的產業；而「天」就是週期，浩浩湯湯，順之者昌，逆之者亡。

只有堅守長期主義，才能跳出內卷。短期主義是以短視應對短期，長期主義則是在變局之中看清哪些是喧囂、泡沫、雜

音。以長遠的視角想明白要什麼、不要什麼，內心才能有定力，有了定力之後才能展開深層的思考，並讓企業所做的每一個動作都具有一致性和連續性。[20]

長期思維並不是短期不作為，而是一種基於複利思考的商業模式。 很多人提到長期主義就皺眉頭，覺得首要目標是活下去，不賺錢怎麼行？但真正的長期主義並不是讓你當下不要賺錢，而是不要去賺當下的最後一個銅板，把充分的精力留給未來更廣闊的天空。謀大事者，不逐小利。

短期與長期的選擇，其實是一個資源配置的過程。 短期行為是將資源投到當前，被動應對環境的變化；而長期主義是將資源投到未來，主動塑造自己的命運。資源永遠是有限的，你把資源配置到什麼地方，就會收穫什麼樣的結果。[21]

真正的長期主義，是在變化中找到「不變」。 消費者群體發生了代際變遷，企業所要滿足的消費者需求也發生了改變。很多企業為了應對這些變化，今天熱衷於粉絲經濟，明天又熱衷直播帶貨。究其根本，它們只看到了變化的一面，沒有看到不變的一面──人性總是不變的，消費者的心智規律也是長期不變的。企業要抓住不變的認知規律，不能盲目追逐變化。

把資源配置給能夠帶來價值的事情，時間的複利才會發生作用。 長期主義者要做的是不斷地設想企業的核心競爭力是什麼，每天所做的工作是在增加核心競爭力，還是在消耗核心競爭力，每天都要問自己這個問題。

始終圍繞品牌核心價值的長期主義，才是對抗不確定性的反脆弱能力。 人們本能地對短期不帶來銷量的東西充滿反感，抗拒為品牌資產持續投入。只想賺快錢的公司，通常來得快去得也快。在外部環境不確定的當下，品牌打造要有確定的邏輯，通過自身的確定性對抗現實的衝擊和內心的焦慮。

企業的基本功能一是創造差異化的產品和服務，二是成為細分領域的首選。 企業要研究什麼才是生意長期發展的核心，不能太短期主義。搞促銷、搞活動不是生意的核心，產品創新和打造品牌才是。

精於計算和算計，最終往往是失算。 行銷不是追求方法或演算法多麼高明，而是思考它是否具有可持續累積的價值。只看到眼前的利益，缺乏長遠的眼光，一味地追逐短期目標，就會成為投機者。即使精於算計、苦心經營，也無法走得長遠。[22]

第二章

場景即定位

07 場景是喚醒需求最直接的方法

品牌是從量變到質變的過程，堅持越過拐點才會迎來提升與突破。一切都在更新換代，消費者不再是原來的消費者，每一個場景都成了各品牌的競技場。用什麼樣的方式讓消費者記住，需要品牌花很多心思。選擇什麼樣的傳播方式，是品牌必須面對的選擇題。

行銷的本質不是販賣產品，而是發現並解決顧客的某種場景問題或滿足場景中的某種精神需求。哈佛大學教授希奧多·李維特（Theodore Levitt）在〈行銷短視症〉中提到，顧客買電鑽其實不是為了這個電鑽，而是為了牆上的那個「孔」。如果看不到這一點，企業就犯了「行銷短視症」。因此，企業要真正廣義地去理解競爭對手，理解顧客需求。

場景是需求的按鈕。場景是喚醒需求最直接的方法，場景不僅包含了使用者、產品、行為，還包含了時間和空間兩個坐標軸。當企業用場景來思考問題時，更容易把用戶需求具象

化，這種具象化更容易幫品牌發現需求、創造需求、喚醒需求。

商品消費需求讓位於服務消費，本質上是產品功能讓位於消費場景。根據馬斯洛需求層次理論，人們的基本需要分成生存需要、安全需要、情感需要、自尊需要和自我實現需要五類，每一個需要層次上的消費者對產品的要求都不一樣。而當人均收入達到一定層次後，大眾的需求聚焦點會逐漸上移，商品消費需求逐漸讓位於服務消費需求。

只有在場景中出現能讓你多看兩眼的品牌，才是跟你有關的品牌。網路廣告變得越來越可以「選擇」，越來越多的人，特別是年輕人正在主動「去廣告化」，能夠有足夠觸及率的廣告媒體越來越稀缺。人們每天會接觸 2000 個品牌，但不在場景中出現的品牌都與你無關。

把品牌價值帶入新的生活場景，為更多消費者提供新的購買動機。很多品牌面臨老化，或逐漸淡出大眾視線，本質原因是新客停止增長。一旦新客停止增長，這個品牌很快會失去生命力，並且會伴隨著老客老去。企業需要做的是在明確品牌定位的基礎上，尋找用戶痛點場景，充分觸及更多消費者。

消費者形成思維慣性的基礎是反復高頻觸及。場景廣告的核心在于為消費者提供解決方案，而不是改變消費者的生活習慣。此外，打場景廣告是個長期策略，在資訊爆炸的今天，品牌很難做到全通路觸及，但至少要確保在可以觸及的通路上反復觸及；品牌也很難做到全年觸及，但至少在一段時間內要保證高頻觸及。

內容 × 時間 × 空間的超疊加行銷會穿越消費者的遺忘曲線，直達用戶心智。行銷的三要素是使用者、內容和場景，想要觸動用戶，就要適合的內容和適合的場景同時作用，這樣能傳遞出品牌的核心價值，還要在特定的場景集中引爆。廣告信號被多次重複後就變成了更強烈的事件信號，這就是行銷中的「超疊加效應」。

誘因對使用者的刺激頻率要高，要能與產品建立清晰、專一的連接。行銷學教授約拿‧博格在《瘋潮行銷》一書中指出，誘因讓產品和思想瘋傳。如何製造有效誘因？（1）誘因的刺激頻率要高，要頻繁在生活中出現；（2）人們在被誘因刺激後，要能準確聯想到對應產品；（3）只有選擇適合誘因發生的場景，才能激發人們的傳播欲望。

市場後來者最佳商業策略包括：聚焦用戶，發現心智空位；

深挖場景，強特性、強功能。用戶認知上的不同，遠遠大於事實上的不同。在市場上看，貨架擁擠、處處紅海；往消費者心智裡找，也許就能發現藍海。後來者的商業策略就是要麼聚焦用戶、要麼深挖場景。

品牌不僅僅源自品類的分化，更重要的是來自場景的進化。新人群會產生新需求，但是不一定會創造新品牌。新消費人群需求的顯著特點是細分和多元，只有抓住不同的細分場景，才能鎖定目標人群的消費需求，開闢全新的市場。對消費場景的洞察和抓取，是新消費企業的核心能力。

新消費品牌應該在新人類、新場景、新需求裡洞察增量機會，奪取新的認知優勢。所有新的創業機會的產生，都是因為在如此巨大的存量下，人們的需求無法被任何一個品牌全部滿足。所有的品類都在發生一場沒有硝煙的戰爭，你可以切入一個細分人群、一個細分場景，也可以開創一個全新的功能，成為第一。

08　用場景創造價值增量

創造新的場景，喚醒消費者需求，是形成品牌增量的有效路徑。 JTBD（Jobs To Be Done）是哈佛商學院教授克萊頓・克里斯坦森（Clayton M. Christensen）在顛覆性創新理論中提出的一個概念，意思是「當（場景）……我想要（動機）……以便（滿足情感和生活的意義）……」。這套任務模型的前提是要有一個「場景」，場景和消費者是強關聯的。

人們需要的往往不是產品本身，而是產品所能解決的場景問題以及場景中的情感和生活意義。「場景」是時間、地點、人物、事件，是一個讓用戶積極參與、主動投入的理由。觸發了場景需求就啟動了商業互動的機會，這給企業帶來了全新的增量邏輯。激發用戶的特定場景需求，是跳出存量博弈的生意增長源泉和未來商業世界的勝負手。

在特定的空間和時間觸發用戶情緒，場景需求的觸發是最大

的商業增量。 你以為使用者是在消費產品，其實是在消費場景。「場」是時間和空間，「景」是情景和情緒，在特定的空間和時間，要有情景和互動觸發用戶的情緒。萬物互聯時代，到處都是網路連接的入口，但入口只是「場」，能觸發情緒的「場」才是「場景」。

炒概念不如談體驗，賣產品不如聊生活。 場景化可以讓消費者的嚮往具象化，因此，讓消費者具有更具場景化的沉浸式體驗，在特定的空間、時間激發消費者需求，無疑可以進一步強化消費者對於品牌的心智認知。創造新的場景觸發潛在需求，是形成品牌增量的有效路徑。

品牌定位解決痛點，場景觸發滿足癢點。 用戶的痛點就是他的恐懼，癢點是他的需求得到及時滿足給他帶來的愉悅。品牌定位提供解決方案，場景觸發刺激潛在需求，本質是讓用戶的痛點得到解決、癢點得到滿足。如果不能幫用戶抵禦恐懼或令他們感到愉悅，那就是一個「不痛不癢」的產品。

消費趨勢正從價格敏感向價值敏感躍遷，基於價值敏感性的場景成為首要法則。 流量時代適合剛需，適合顯性的、有規律的需求。電商平臺在滿足用戶需求的同時，培養了用戶的價格敏感性。場景顛覆了傳統的流量入口，場景解決思路

是：創造和激發用戶的需求，解決用戶在特定場景中的痛點，刺激其癢點和興奮點，激發購買衝動。

產品是解決場景問題的手段，場景開創是商業突圍的力量。場景是推動新的商業從價格敏感向價值敏感躍遷的重要方法，也是以用戶為中心的關鍵價值觀。我們應該真正為消費者設計基於場景的廣告內容，其定價法則也會基於此發生深刻變化。場景才是需求，有場景、有興趣，就會有價值的增量。

新消費品牌的下半場是一場消費場景爭奪戰。場景化思維分為兩種：第一種是為用戶提供具象的消費場景，縮短消費決策過程；第二種是避開存量競爭的惡性循環，匹配使用者增量需求，製造更多的增量消費場景。

品牌認知是最大的私域流量。通過持續不斷地滲透，最終在用戶心智中建立起品牌資產，打造自己的私域流量池。今天的用戶背後是更加明顯的場景驅動和興趣驅動，場景才是需求，產品只是解決場景問題的手段。

場景觸發可以連接商品價值和使用者心理需求，增加產品被消費者選中的機率。「場」是時間和空間，「景」是情景和

情緒，場景行銷的本質是將生產、使用、購買場景前置，並充分利用投放通路的場景特色，在特定空間和時間裡觸發用戶情緒，實現與顧客需求的高效直連。

品牌認知是「炸藥」，場景觸發是「引線」。品牌長期在用戶心智中建立的認知，在特定的場景中給購買行為臨門一腳，推動了自發購買。

沒人知道時，要打響品牌；人人知道時，要挖透場景。企業起步時需要品牌引爆，打響知名度，當品牌耳熟能詳的時候需要開創場景，觸發用戶的購買理由。比如，絕味鴨脖之前的廣告語是「鮮香麻辣絕味鴨脖」，最新廣告語是「嘴裡沒味？來點絕味！」。新廣告聚焦了追劇、露營、聚會等熱門消費場景，激發消費者的潛在需求，從而創造了商業增量。

09 理清產品真正要滿足的場景

理清產品真正要滿足的場景，是打造場景品牌的第一步。不同的產品在不同的場景下，對應了不同的用戶需求。盲目去抓用戶多變的需求，往往是低效甚至無用的。當用戶有需求的時候，品牌如何讓他們想起自己？最好是在能產生需求的場景下，成為這個場景的第一品牌。

消費場景裡隱藏著顧客的決策動機。場景即故事，有人、有環境、有行為。很多時候，產品和服務都應該先找到核心消費場景，然後再反推得到目標人群，以及價格、通路、形象等。而有些企業往往只關注行銷如何做，卻忽略了背後的場景。

品牌的核心不是廣告，是未滿足的需求；不是產品，是未解決的痛點。因為針對未被滿足的需求更容易敲開用戶心智。消費者關注的是需求本身，更關注其自身未被滿足的某種狀態。所以，一個能驅動銷售的品牌定位是激發用戶潛在的需

求，直擊隱藏的痛點。

首選品牌往往就是消費者聯想路徑最短的品牌。很多失敗行銷的共同之處是無法讓用戶感覺到品牌與自己相關聯，因此行銷人員需要將產品和場景進行捆綁，讓用戶產生心錨效應，即「人的某種情緒與行為和外界的某個事物產生連接，進而產生條件反射」。

很多品牌在打廣告時認為只要講清楚產品功效和賣點，消費者就會選擇自己。但實際情況是把產品放到用戶面前，他們都會認為「和我無關」。如果品牌不通過場景提醒消費者，消費者很難聯想到自己是否真正需要。產品賣點要結合場景進行闡述，加深用戶記憶形成「場景強關聯」。

好的場景廣告內容可以主動創造購買衝動。場景廣告是場景的開創和對潛在需求的誘導，是消費興趣的啟動和商品價值在用戶場景的重新敘事，這意味著什麼？意味著可以降低獲客成本，降低流量成本。

廣告要能夠形成快速有效的興趣激發和場景化打動。在今天這個時代，「物」本身已極其豐富，產品功能的重要地位已經逐步讓位給解決方案。「人」在每個場景的痛點都需要有

系統的解決方案來滿足,每個「人」背後都是更加明顯的場景驅動和興趣驅動。

場景廣告三要素是天時、地利、人和,結合時間、空間及受眾需求,可以有效提高廣告的傳播效率。其中,「天時」指找到受眾「注意力空閒」或「與注意力相關」的空隙,讓受眾停留並接受;「地利」指創意、形式可以結合投放媒介的特點,讓廣告充分曝光;「人和」指從用戶的視野、立場、感知和情感角度出發來進行廣告創作。

場景廣告三要素之天時:找到用戶注意力放鬆的空隙。如何判定一個場景中用戶處於哪種狀態?簡單來說就是統計當前場景的用戶停留時長,分析用戶在該場景中的行為。用戶停留時間越長、行為越集中,就越有可能處於工作模式,反之則處於漫遊模式,這兩種狀態的區別在於使用者是否集中注意力,人們都不希望集中注意力時突然被打斷。選擇有效的場景廣告展示時機,就是找到用戶注意力稍微放鬆的空隙。

場景廣告三要素之地利:讓每一次廣告充分地曝光。廣告的創意、形式可以結合投放媒介的特點,以實現充分曝光:按照廣告曝光頻次,可以把場景劃分為高頻和低頻;按照廣告展示的空間大小,可以把場景分為廣域和窄域。在低干擾的

狭小封閉空間中，反覆高頻觸及才是真正有效的收視。「地利」的標準就是廣告能否得到充分被注意到的曝光。

場景廣告三要素之人和：廣告要注重用戶體驗。人們需要的往往不是產品本身，而是產品所能解決的場景問題以及場景中的情感和生活意義。場景廣告是場景的開創和對潛在需求的誘導，是一個讓用戶積極參與、主動投入的理由。

獨特的場景創造了用戶主動收視廣告的價值。「場」是時間和空間，「景」是情景和情緒，在等電梯、乘電梯這個時間和空間裡，使用者天然地在片刻的無所事事中尋找資訊來填補大腦的空白。

高頻重複觸及是令消費者產生深度記憶的關鍵。益普索（Ipsos）《2020年中國廣告語盤點》顯示，大多數被引爆的品牌均通過線上線下多通路進行整合傳播，其中密切貼近消費者生活和消費場景、曝光頻次高、通過觀看干擾度低的媒體通路傳播的廣告對品牌記憶效果更好。

聯想的路徑越短，消費者就會更快想到你的產品。品牌行銷常常將產品和場景進行捆綁，讓用戶產生心錨效應，即人的某種情緒與行為和外界的某個事物產生連接，就會出現條件

反射。將產品和場景進行記憶捆綁，並對使用場景進行描述，相當於變相地提醒用戶在什麼場景使用它。把品牌價值帶入新的生活場景，為消費者提供新的購買動機。

品牌年輕化不是戰術上的創意，而是戰略上的刷新。品牌老化不等於產品老化，本質上是沒有為顧客提供適宜的消費動機。一些品牌在進行年輕化轉型時經常喜歡做行銷創意，比如跨界聯名、IP 合作等。但是，這種做法如果不符合當前品牌發展的定位，沒有科學的行銷創意，不僅不會改善品牌和業績，還會白白浪費行銷資源。品牌價值刷新往往在於開創新的生活場景，或者為消費者提供新的購買動機。

10 形成最有利於自己的差異化

企業只有能夠清晰準確地回答出品牌三問,才能大幅提高與顧客的溝通效率。顧客在首次聽說一個陌生品牌時,通常會問三個問題。(1)這是什麼?這一問題指向的是品牌所歸屬的品類。(2)有何不同?這一問題問的是品牌對顧客有意義的競爭性差異表現在哪裡。(3)何以見得?這一問題問的是讓品牌差異化顯得可信的證據有哪些。

能夠左右顧客選擇的市場表現,就是品類的市場特性。品牌差異化可分為物理特性和市場特性。物理特性是產品內在的功能性利益點,如製造方法、產品標準等。當產品同質化嚴重時,在物理特性中尋找差異化定位就很難,此時市場特性對顧客選擇的影響往往更大,如市場同品類產品的開創者、熱銷、受青睞等。

取長補短,不如揚長避短。取長補短追求的是一種趨近於平均主義的狀態,然而在存量博弈時代,遵循木桶理論的「取

長補短」往往代表著平庸，取而代之的是打造差異化價值的「揚長避短」，即在某個細分功能、人群、場景中成為首選，把一件事情做到極致，效果遠遠勝於做 100 件平庸的事。

把每一個環節都做到中等，是平庸的表現。差異化戰略是集中力量加強優勢，以此優勢占領用戶心智，占據細分市場。《哈佛商學院最受歡迎的行銷課》作者揚米·穆恩通過研究發現，在面對激烈競爭時，大部分企業的本能反應是集中改善產品的弱點，但很少有企業反其道而行之，刻意回避劣勢，集中力量加強自己的優勢。差異化戰略不是把每一個環節都做到中等，那是平庸的表現。

任何產品都要有且只有一個核心賣點，而不是很多個可有可無的賣點。那些說不上好也並非不好的功能，說得越多越會讓產品變得平庸。平庸就是沒有找到真正的差異化賣點，產品定位必須足夠簡單，必須一刀致命。

關鍵要素做到極致荒謬，集中優勢力量擊穿門檻值。創建一個更大、更好的公司，從而超越競爭對手，對於初創公司而言無疑是難以做到的。初創公司更應該凸顯賣點，將單一要素最大化，集中優勢力量重點突破。使用者不會記住平庸的產品，能讓使用者記住並感動的是那些近乎荒謬的

品質或服務。

競爭者可以模仿特性、技術或服務，卻很難複製一個獨家專有的品牌。一個產品需要差異點來為消費者提供購買和擁護它的理由，而產生差異的最佳方式是創新。如果創新能夠給產品帶來實質性的、長期的差異點，那麼這一創新就需要被品牌化，將其貼上品牌的標籤，否則產品行銷就會變得異常艱難，而且很容易被模仿。

「創新」不如「創新感」，產品優勢要變成認知優勢。促銷常態化、競爭同質化的底層邏輯都是缺乏差異化價值。差異化價值並不是有了創新就可以，而是要將能讓消費者感知到創新的動作進行到底，能夠被消費者感知的創新才是真正的創新。

企業必須形成最有利於自己的差異化，並將產品優勢轉化為消費者認知優勢。很多產品陷入同質化的原因，是把品牌打造讓位給了促銷活動，廣告由銷售導向轉向娛樂觀眾，企圖取悅人心但不能穿透人心；同時因為沒有清晰的差異化價值，從而轉向了價格訴求，讓企業利潤越來越薄。

流量紅利總會過去，品牌才是持續的紅利。許多網紅品牌雖

然吃到了流量紅利，但對流量有很大的依賴性，只要停止流量投放，銷量就大幅下滑。網紅品牌只有在消費者心智中建立起清晰的品牌差異化價值，才能構建長期的核心競爭力。

穿越雜訊的核心是找到有競爭力的切入點，通過中心化引爆建立品牌共識。 企業在將資訊傳遞進消費者心智的過程中，時刻充滿著雜訊的干擾，如何才能穿越雜訊？核心是聚焦差異化價值，在消費者心智中找到有競爭力的切入點，通過可見度非常高的中心化媒介以最簡單直接的方式引爆品牌。

沒有什麼不可模仿，關鍵在於消費者會想起誰。 消費品行業其實沒有什麼是不可模仿的，最重要的是消費者會想起誰。首先，必須開創差異化價值，要麼開創一個品類，要麼開創一個特性。其次，抓住創新的時間視窗，在消費者心智中讓品牌成為品類的代表，完成這個心智固化，就構建了品牌護城河。

要麼成為龍頭，要麼開創新品類。 存量博弈時代，只有兩類企業能成功：第一類是龍頭企業，存量市場中消費者心態更加謹慎，龍頭品牌更容易贏得信任；第二類是有真正獨特創新的企業，開創了一個趨勢性的新品類，成為某個細分市場、細分人群、細分場景的首選。

獲利

品牌建設和品牌引爆的確定性因素包括：建設差異化的品牌和講好心智故事，鎖定用戶必須經過的時空集中引爆。 品牌勢能＝品牌差異化 × 心智銳度 × 到達強度，絕大多數碎片式行銷看似無處不在，但輕、軟、無序、無指向性，因此不具備穿透用戶心智的品牌勢能，也意味著極大的不確定性和更大的品牌心智到達難度。

好產品總會被模仿，好品牌很難被模仿。 品牌大師大衛‧艾克在《管理品牌資產》中提出：企業做什麼通常很容易被人模仿，然而企業是什麼卻要難模仿得多。換句話說，品牌資產是企業獲得持續性競爭優勢的基礎，雖然產品容易被模仿，但差異化的品牌認知一旦進入顧客心智，就很難被模仿。

品牌資產的三大要素包括：有意義、差異化、突出性。 凱度最具價值中國品牌 100 強榜單中，排名越靠前的品牌，在「有意義」「差異化」「突出性」方面的表現越優秀。有意義，即提供什麼樣的價值，用來滿足消費者的物質或情感需求；差異化，即與眾不同，是否代表潮流和趨勢；突出性，即消費者想起這個品類時能否立刻想起這個品牌。

大部分新消費賽道的新興企業，都欠著兩筆債。 一筆是促銷

常態化的債，本質是缺乏溢價能力。另一筆是競爭同質化的債，本質是缺乏差異化特點。產品不僅要創新，更要有創新感，只有被用戶感知的創新才叫創新。

只有不斷重複的或令人印象深刻的差異化資訊，才能贏得顧客有限的心智容量。心智應對容量有限的一個重要方法，就是只為一個概念記憶少數實例，心理學家喬治・米勒的「7定律」說明，普通顧客只會為一個品類記憶最多 7 個品牌。心智應對容量有限的另一個重要方法，就是快速遺忘不重要的資訊。

只有一以貫之的差異化概念才能有效進入消費者心智。品牌傳播最忌諱的是概念多、雜。從外部看，消費者的心智空間是有限的；從內部看，本來不多的資源還要被分攤給眾多的概念。傳播的核心在於圍繞目標消費者去構建概念的連貫性、動作的持續性，逐步推高動作的量級。

行銷戰術應以差異化為導向，讓競爭對手無法迅速複製。行銷既要抓住自己的忠實顧客，又要設法從競爭對手那裡搶到顧客。大部分行銷專案都會發放優惠券、回扣、促銷打折，你會贏得短期褒獎，但競爭對手隨後就會跟進。只有競爭對手不能很快複製，你才有時間視窗去搶占顧客心智。

產品賣點是市場行銷的前哨站。沒找對賣點，銷量很有可能要掉一個0，千萬級的爆款就變成了普普通通的商品。賣點提煉也是產品傳播的中心，一個賣點你先講了，那它就是你的，競爭對手再講就變成了模仿你，變成了幫你做宣傳。新品牌入局的關鍵是產品差異化賣點的有效提煉。

用戶認知是企業的終極戰場。如果在消費者心智當中不具備跟競爭對手相區別的認知優勢，陷入價格戰、促銷戰、流量戰就只是個時間問題。

11 有定位未必成功，無定位注定失敗

定位理論的有效性源于心智規律。很多人認為定位理論是工業時代的理論，在網際網路時代就失效了；也有人認為定位理論生效的前提是大競爭時代或同質化競爭環境。其實網際網路改變的只是配稱所涉及的技術手段特別是溝通手段，競爭環境改變的只是定位和配稱的難度，兩者都沒有讓心智規律失效。

成功的定位是一種記憶機制，從而在消費者端產生品牌回憶和品牌再認。定位其實是一種「記憶機制」，通過廣告，讓品牌以一種簡單、差異化的方式進入消費者心智，建立起「品類＝品牌」的記憶。定位理論還決定了「品牌回憶」，消費者在購買某一品類產品時，大腦裡能自動聯想到某個品牌，完成品牌聯繫。

心智資源比傳統生產要素更值錢，即在顧客頭腦裡擁有獨一無二的優勢位置。有些企業暫時不賺錢，為什麼估值還很

高？原因很簡單，它在顧客頭腦裡有一種更值錢的資源，比資本、土地、勞動力這些傳統的生產要素更值錢，我們把它命名為心智資源。

定位戰略的核心是奪取顧客心智資源，讓品牌在顧客心智中成為品類代名詞。 定位可以分四步進行，也稱定位四步法：第一，分析外部環境，確定競爭對手；第二，避開競爭對手在顧客心智中的強勢位置，或是利用其中蘊含的弱點，確立優勢位置；第三，尋求信任狀；第四，將定位整合進企業運營的各個環節，特別是傳播上要有足夠多的資源，將定位植入顧客心智。

戰略就是創造一種獨特、有利的定位。 企業最高管理層的核心任務是制定戰略：界定並傳播公司獨特的定位，進行戰略取捨，在各項運營活動之間建立戰略配稱。

有效的戰略配稱是消除多餘動作，增加強化品牌定位的運營活動。 品牌在確立差異化定位後應建立有效的戰略配稱，將品牌名、產品、包裝、價格、終端形象、廣告、代言人、公關內容、員工話術等要素指向同一個方向，力出一孔，傳遞與品牌定位一致的資訊。

品牌定位就是做減法、做捨棄，聚焦用戶心智中最易取得優勢的核心點。 品牌定位就是專注在用戶心智中打造核心競爭力，要在無數誘惑下將所有資源、精力集中投資於在最核心的受眾心智中建立最核心的價值認同。

定位並不是對產品做什麼，而是對消費者心智中根深蒂固的認知做什麼。 當你推出新產品、創建新品類時，務必找到一個對應的舊品類，因為直接去創造某種並未存在於消費者心智中的新概念是危險的。新品類的首要任務是通過關聯舊品類，建立消費者對於新品類的熟悉感和好感。不要去創造，而要去發現，要關聯舊認知而非直接創造新認知。

定位並非無中生有，而是以舊立新。 當找到了一個用戶心智中已經存在的認知，那說服用戶的決策成本就會極低。

有定位未必成功，無定位注定失敗。 企業要讓消費者知道你是誰，和別人有什麼不同，首先要明晰自己的品牌定位，即獨特的差異化價值，並集中足夠的資源去占據這個定位。在消費者的心智中占有一席之地，品牌就成功了一半。如果沒有清晰的品牌定位，很容易迷失在傳播的叢林中。

定位越窄，品牌越有力。 但凡優秀的企業，往往都會通過一

個鮮明的符號讓消費者記住。縮小目標、分門別類、盡可能簡化，這是在傳播過度的社會環境中獲得成功的法寶。

一個好的戰術定位應該是：產品的優勢點＋與競品的差異點＋消費者的痛點。 切忌三大優勢、七大賣點的定位，切忌虛假不實的定位，切忌無關消費者痛點的定位，切忌與對手相似的定位，切忌產品無法達成的定位。

重新定位競爭對手，設法在領導者的強勢中尋找弱點。 觀察顧客可以發現，他們中有兩種人：一種希望購買領先品牌的產品，另一種則不想。潛在的排名第二的品牌就必須去吸引後一種顧客。通過將自己定位為與領導者不同的角色，可以把那些不願意購買領先品牌的顧客吸引到自己這一邊。

尋找增長型客群和差異化定位，是品牌商的頭等大事。 拆解品牌增長背後的共性基因，可以發現一些相似之處：所選擇的客群具有增長性，具有差異化品牌定位，並且以強有力的品牌曝光，將以上兩個關鍵要素發揮到極致。

聚焦不僅針對傳播，更針對公司資源的有效配置。 當定位明確後，幾乎可以立刻識別出企業投入中是哪 20% 的運營動作產生了 80% 的績效，通過刪除大量不產生績效的運營動

作並加強有效運營,大幅提升生產力。

好的品牌名應當具備定位溝通和二次傳播的效率優勢。對降低信息費用而言,投入產出比最高的就是定一個好名字——支持定位的好名字,將會呈數量級地降低傳播成本。給品牌起名時應當遵從四大要點:品牌反應,定位反應,易於傳播,避免混淆。

戰術即創意,尋求戰術即尋求創意。換一個方向思考問題,有時會獲得意想不到的重大發現。維克斯(Vicks)公司曾經研製出一種新的感冒藥,雖然效果好,但會使人昏昏欲睡,你如果正工作或開車,這種藥可能會幫倒忙。然而,他們將其定位成「第一種夜間感冒藥」,這成了維克斯歷史上最成功的感冒藥。

老品牌經過重新定位,可以煥發出巨大生命力。IBM通過重新定位為「集成電腦服務商」而重獲輝煌。百事可樂利用可口可樂強勢中的弱點,界定了自己是「年輕人的可樂」的新定位,走出光輝大道。雲南白藥創可貼通過「有藥好得更快些」,重新定位,以應對強勢品牌邦迪,從而反客為主成為領導品牌。

定位不是追求新奇獨特，而是要找到一個方向，集中在這個方向上積聚品牌力。 定位不是無中生有、博人眼球，而是要運用外部思維，站在顧客的角度去看待自己的產品，把他們對你已有的認知提取出來，找出對你最有利的形象，然後強化它。

定位行動的最終目的是在某個品類取得領導地位。 競爭品牌搶先主張了一個定位，並不代表它已經占據了該定位。如果競爭品牌的知名度低、市場占有率很小、經營能力較弱，而你的企業實力強大、經營能力很強，就可以後發先至，以更快的速度和更高的效率去搶占定位。

「老二」最好的進攻方法，就是把「老大」的優點變成缺點。 當行業中已經有領導品牌，「老二」最好的辦法是與「老大」的優勢點反著走，而「老大」很難跟進覆蓋這一路徑，因為這會讓「老大」丟失原有的優勢。

品牌必須構建與定位一致的事實，才能長久支撐差異化定位。 瞭解特定事實的資訊費用會隨著時間推移而下降，品牌定位是潛在顧客選擇你的主要理由，但老顧客是否會繼續選擇你或成為你的口碑，則更多取決於他們通過產品體驗而認知到的事實。

12 新消費品牌的定位戰略

新消費企業始于產品，成於滲透，立於品牌。首先，對產品品質的追求，是做品牌的基礎。其次，滲透是個圈層的概念，一是在同一類人群中滲透，二是在跨圈層人群中滲透。最後，品牌是企業的經營結果，這個結果是在提供叫好又叫座的產品之上、在不斷地對消費人群滲透之後而出現的結果。只有破圈成為公眾品牌，才會叫好又叫座！

新消費品牌上半場追求爆品打造，下半場聚焦長期主義。越來越多的新消費品牌正在利用爆品的短期流行去帶動品牌的長期經營。爆款產品只是支撐品牌存活的載體，品牌塑造與經營才是維持企業長久發展的內核。

新消費品牌的打法趨勢：從種草到種樹，從流量到留心。新消費品牌正在進入一個新的階段，比起做一個銷量好、增長快的電商爆品，通過線下鋪貨和品牌廣告引爆價值、構築壁壘，是更迫在眉睫的事。「種草」紅利已經結束，「種樹」

更能形成優勢和壁壘；流量紅利消失，從流量打法轉為品牌打法成為必然。

新消費的流量思維往往導致一個問題，即「爆品的狂歡」而非「品牌的勝利」。 為什麼有些新消費被稱為廠牌，而不是品牌？最關鍵的原因是這些品牌所表現出來的運營節奏太過於踐行流量主義，只帶貨而不帶品牌，渴望快速形成規模。但規模向來不是消費品的壁壘，品牌才是。引爆流量不等於引爆品牌，流量紅利無法沉澱品牌資產。

消費者因流量而聚攏，最終因品牌力而沉澱。 在網際網路時代做一個新品牌，成名的路徑被迅速縮短了，眾多爆品的湧現主要是因為新消費者與新流量的機會。然而，成為一個網紅品牌帶來的是流量，而不是品牌。品牌意味著信任和認可，而流量僅僅是注意力。只有成為社會共識，才能真正成為公眾品牌。

經營思維的本質是為品牌的增長服務。 品牌投放思維有三種層次：撿錢思維、掙錢思維、經營思維。大多數新消費品牌只停留在撿錢思維和掙錢思維，所以陷入流量內卷中難以自拔。只有升級成經營思維，品牌才能從源頭上實現高效投放。

品牌的價值在於「品牌＝品類」，這個等號畫得越快越值錢。品類小而美、產品窄且深，正在成為新消費品牌進入行業賽道的破局章法。大而全的做法在當下已經不再適用，發現和選擇新的品類機會，才是品牌新機會。新消費真正的挑戰不在生產端、供應端，而在認知端、洞察端。

新消費品牌可以先做美譽度培養忠誠粉絲，後做知名度破圈引爆品牌拉升銷量。常規品牌發展 AIPL 模型是從認知（awareness）到興趣（interest）、再到購買（purchase）和忠誠（loyalty），而許多新消費品牌則從相反路徑出發，先通過社交種草贏得小部分核心粉絲產生購買和忠誠，在粉絲參與回饋優化了產品體驗後，再做知名度和認知度，通過品牌廣告破圈，用戶上網搜索看到粉絲好評如潮則進一步產生購買衝動，從而引發下一輪銷量突破。

塑造破圈內核，品牌戰略構建有三大關鍵點。（1）明確品牌定位（塑造破圈內核），創建認知優勢，找到獨一無二的顧客價值；（2）打造超級單品（樹立破圈先鋒），以超級單品作為品牌高效溝通的載體與破局先鋒；（3）升級運營體系（形成破圈閉環），系統規劃與提升企業的傳播力、通路力。（這三點有效結合可以讓新消費品牌實現 10 倍增長。）

沉迷流量而忽視品牌，如同「買櫝還珠」。 有些新消費其實正在做「買櫝還珠」的事情。雖然買了很多流量產生了交易，但流量是競價的，當漲到有一天你投不動的時候，你會發現自己的品牌價值沒有被沉澱，也沒有在消費者心中留下任何品牌認知。要投資在消費者對你的品牌認知上，累積固化品牌的核心競爭力，這才是真正的「珠」。

競爭不在於貨架、不在於對手，而在於搶占消費者的認知空白。 新消費品牌的創業關鍵點是要找到更細的賽道，任何一個賽道一旦進入寡頭競爭階段，就意味著進入成本已經很高了。進入成本不僅包括供應鏈的生產成本，更多的是市場端消費者的認知教育成本。

新消費的終局是創建「心域流量」。 對於很多靠種草和流量起家的新消費企業而言，流量只是起點，新消費品牌塑造的終極追求是構建可以與消費者共鳴共振的「心流體驗」，將公域流量、私域流量都轉化為「心域流量」。消費市場從功能消費走向意義消費，消費觀念也從性價比轉向「心價比」。

線下品牌廣告與線上流量廣告的合理配置，將是品牌「破圈」實現跨越式增長的最優解。 進入新消費下半場，新品牌

如果無法「破圈」，在消費者心智中占據品類的首選，就很容易被困在流量裡，陷入增長瓶頸和利潤危機。新消費品牌想要跳出流量困局，要在流量進入瓶頸時，轉向品牌廣告破圈，實現拉新和促進轉化。

新消費品牌要向老消費品牌學習三件事。第一是供應鏈的能力，沒有供應鏈的品牌是走不遠的；第二是線下通路鋪貨的能力，線上是無限貨架、無限心智，線下是有限貨架、有限心智；第三是搶占心智的能力，抓住消費本質，抓住通路滲透率和心智滲透率。從「爆紅」到「長紅」，短期看規模，長期看心智。

流量本身創造不了品牌，品牌心智塑造需要理解受眾的心智規律。新消費下半場正從流量戰轉入品牌戰：短期看規模，即通過全網種草、直播紅利以及強折扣力度，迅速拉長規模優勢；長期看心智，品牌積累起數量級的規模後，需要重新回歸品牌心智，集中引爆迅速封殺品類，實現從網紅品牌到公眾品牌的躍遷。

品牌只有在消費者心智中長期累積固化才能產生複利效應。人群紅利、品類紅利、流量紅利幫助了新消費品牌崛起，但這些因素都是短暫的，競品會馬上跟進、拉平優勢，品牌只

獲利

有真正植入消費者心智，不斷累積固化價值認知，才能產生複利效應，這才是新消費品牌最大的時代機遇。

新消費品牌源于品類紅利，起于通路紅利，成于品牌紅利。新消費品牌的崛起首先是吃到了 90 後、00 後這代新人群新需求的紅利，接著吃到了新通路、新流量的紅利。雖然新人群、新需求會催生出新一代品牌，但新通路、新流量紅利都是短暫的，新一代品牌只有將差異化價值植入消費者心智，固化價值認知，才能產生護城河，享受複利效應。搶占人心、搶占線下，是新消費品牌下一階段最大的機遇。

商戰的終極戰場不在物理市場，而在心智空間。真正的競爭發生在消費者的心智之中，雖然市場很大，但消費者心智的容量就那麼大。留給新消費的時間也不在物理時間，而在消費者的心智時間，心智空窗一旦被占據，將很難改寫。只有占據了心智戰場，物理戰場才能有效轉移。

新消費品牌擴大戰果的必經之路是做大品類、破圈擴展。每一個新消費品牌，都有成為大眾化品牌的野心。新消費品牌向大眾化品牌躍遷的路徑可以歸納為四大階段：挖掘隱性需求的初創期、代言品類的發展期、做大品類的成熟期和破圈擴展的延展期。

「快」是通路的高效率,「消」是新消費的崛起,「品」是品牌的力量。從創造需求到贏得市場,快消品的經營方式已經從邏輯上發生改變,擁有洞察、改變和引領趨勢的能力。新消費品牌崛起的底部邏輯,其實是新一代年輕人消費意識的自我覺醒。

第三章

產品即價值

13 好產品是形成品牌力的核心基礎

產品要讓使用者產生熟悉感，迎合用戶潛意識下的選擇。人們做出一個動作，很多時候是在意識啟動之前，就已經基於潛意識建立了判斷。因此，一個產品如果引發使用者啟動意識、讓用戶思考，在某種意義上就是推開用戶，因為思考意味著顧慮和防禦。好的產品是要順應使用者的直覺，避免觸發防禦。

成功產品需要持續投入資源來維持其勢能。用成功產品的利潤去資助失敗產品是多元化企業的一個典型策略，這只會削弱公司把資源傾注在成功產品上的能力。如果行動不夠迅速，你的前期努力很容易成為他人的嫁衣。

發揮優勢，勝於彌補劣勢。企業往往對彌補劣勢有著加倍的熱情，投入太多精力考慮如何讓不具優勢的產品擺脫困境，卻捨不得花時間和資源考慮怎樣讓成功的產品更上一層樓。正確的做法應該相反，把打敗仗的斃掉，並將資源配給正在

取得勝利的產品。

鞏固勝利，放棄失敗，乘勝追擊是原則。 假定一家企業有五款產品，其中三款獲得了成功，另外兩款失敗了。試問哪種產品會占據管理者的時間和精力呢？通常是失敗產品。所以正確的做法應該是去除那兩款失敗產品。

全力以赴持續投入巨大資源，是抵禦競爭對手的最佳方法。 不要用公司優勢業務賺來的錢去支援失敗的業務，成功產品需要資金來不斷維持其勢能。早期成功後就止步不前，會成為競爭對手的活靶子。

如果無法取得絕對優勢，就要在決定性的地點創造相對優勢。 行業挑戰者應該在盡可能狹窄的陣地上發動進攻，若是一下子在非常廣闊的戰線上投入多種產品，發動全面進攻，企圖獲取盡可能多的領地，最終往往會喪失所有領地。

消費者想要的不只是一個產品，更是這個產品能帶給他的變化。 你的產品沒人買，往往不是消費者沒有錢，而是他們不願意花錢。今天的消費者想要的不僅僅是產品、功能，還有意義，即某種歸屬感。販賣產品只是在告訴消費者他買到的是什麼東西，而販賣意義則是告訴他買了之後會有什麼變

化。打動消費者的不是企業賣什麼，而是「你是否代表了我」。

爆品的打造是一門「玄學」。即便做到了極致性價比、高顏值也不一定能夠賣爆。因為爆品通常是市場紅利、供應鏈紅利、通路紅利等多個條件疊加的結果，而且網際網路時代的爆品太容易跟風，很難建立差異化壁壘。如果不能保證產品好到無法複製，那麼品牌才是最好的護城河。

場景聚合＋人群聚焦＋通路聚焦＝孵化核心爆品。爆品孵化有四部曲，分別是：第一，有品牌的價值主張，反復打磨產品；第二，進行小範圍測試，確定主推的產品；第三，結合新通路，聚焦資源、重「兵」投入打造爆品；第四，打透核心通路，建立口碑復購，撬動新一輪的飛速增長和沉澱。

永遠不要脫離產品去談品牌建設。品牌價值承諾和產品之間的匹配是相對的，說多少、做多少，做多少、說多少，不要用力過猛地誇大宣傳，更不要背離產品去說品牌價值，很多新品牌遭遇負面評論的根源就是產品和品牌價值承諾是脫節的。產品是品牌價值承諾最重要的載體。

產品包裝是企業自有的宣傳媒介。產品往通路一放、往貨架

一擺，就是企業免費的自有宣傳媒介。雖然產品自己不會說話，但好包裝讓產品會說話。怎麼做包裝？像做海報一樣做包裝，放大了是海報，縮小了是包裝。好包裝，讓產品會說話。

機會往往來自外部的市場，而不是來自企業家自身的願望。有的企業家非常注重公司內部管理，但往往忽略了消費者的感受，沒有意識到今天的市場已經供過於求，同質化的產品難以成為消費者的優先選擇。

多即是少，少即是多。一個品牌旗下產品越多，市場越大，戰線越長，賺的錢往往越少。目標太多等於沒有目標，有時候單點突破遠勝於面面俱到。品牌聚焦一個品類或一個特性，成為消費者不假思索的選擇，利潤才能最大化。

用戶體驗的核心要素是峰值和終值，要集中資源打造峰值體驗、營造美好終值。諾貝爾經濟學獎得主丹尼爾．康納曼提出「峰終定律」：用戶體驗的核心因素是最高峰和結束時的感覺。平庸的使用者體驗無法成就產品，在資源有限的情況下，產品要做的是在不觸碰用戶忍耐底線的前提下，使用戶擁有美好的峰值和令人回味的終值。

好產品是形成品牌力的核心基礎,品牌力是放大產品優勢的關鍵。產品力是一切價值創造的根源,優秀的產品設計和品質控制會帶來持續的消費和良好的使用體驗。品牌是強化產品力的重要手段,代表一種社會信用;產品則是具體的社會契約,良好的社會信用使得社會契約的效率更高、成本更低。

新品牌入局的關鍵是產品差異化賣點的有效提煉。產品賣不好 90% 的原因往往不是產品的問題,而是賣點選取與消費者需求的適配性問題。產品在推向市場前,可以有各種功能、各種特色,但這些都是假象,不把產品放在真實的市場上,永遠不知道哪些賣點是能夠帶來真正的結果的。

產品要成為消費的符號,才能獲得真正意義上的品牌溢價。產品是滿足消費者需求的有形和無形的組合,包括了核心產品(如功能、利益、價值等社會屬性)、形式產品(如包裝、形式、外觀等物理屬性)、附加產品(如理念、故事、價值觀等精神屬性)。

真正的爆品主義不僅有極致的產品,還要建立極致的品牌認知。當品類空缺、沒有品牌時,爆款的產品往往會成為品牌。一旦出現爆品,就要乘勝追擊,廣泛傳播品牌熱銷,讓

爆品的銷量成為品牌的信任狀，進而將產品銷量轉化為品牌聲量。

認知不好，產品徒勞。當一個品牌的認知處於劣勢，消費者甚至連它的產品都不會去嘗試，產品有再多的賣點也是徒勞。消費者在進行決策之前，就通過認知這道程式把大部分產品先過濾掉了。

產品是火，品牌是油，品牌是產品價值的放大器。產品是基礎，消費者是通過體驗產品所承載的功能、利益而逐步建立對品牌的認知。換句話說，消費者使用的是產品，選擇的是品牌；體驗的是產品，評價的是品牌。產品的存在感不在於貨架的排面，而在于品牌在顧客認知中的位置。

產品是一個企業對品牌行銷的核心理解。行銷從發現、滿足需求出發，第一個落腳點就是產品。品牌價值承諾和產品之間的匹配是相對的，不要用力過猛地誇大宣傳，更不要背離產品去談品牌價值。產品是品牌價值承諾最重要的載體。

不要努力做得更多，而要努力做得更少！面對諸多挑戰，不要比以前做得更多，而是要做得更少，聚焦產品創新，聚焦消費者心智打造。一個面面俱到的產品是不存在的，只有在

某個細分的功能、人群、場景成為首選，才能殺出重圍。目標太多等於沒有目標。

用戶痛點是油門，產品尖叫點是發動機，集中引爆是放大器。 一個產品想成為爆品，要反復高頻向用戶心智注入同一則資訊，形成集中化的共振式傳播。

單點突破勝於面面俱到，成為首選才能殺出重圍。 很多產品面臨的問題是品質過剩和品質不足同時存在，技術過剩和技術不足同時存在，因為這些企業在設計產品的第一天就不確定要賣給誰。企業定位要精準清晰，要聚焦產品創新，聚焦消費者心智打造，力出一孔的時候勢能才會更大。

為什麼產品有賣點，卻賣不出貨？ 有很多企業經常這樣打造賣點：盤點產品所有的賣點，挑出最大的那個賣點，把它擴展成一句話。這樣雖然定位也做了，也重複傳播了，結果還是打了水漂。很重要的原因是沒有擊中用戶心智中的那塊自留地，人心是這個世界上最貴、最難以被收買的。缺乏使用者視角，只想出了產品的賣點，是不能切中用戶買點的。

銷冠的廣告語更具銷售力，也意味著其中包含了有效的定位。 競爭中要找出自己產品的獨特性，不要相信市場怎麼

說，而是要相信最前端的銷售冠軍。他們之所以成為銷售冠軍，一定是說對了什麼，最終擊中了用戶心智。

大聲講出來的產品主義，就成了品牌主義。企業的核心經營成果是品牌，而不是產品。如果不能打造品牌，沒有將產品優勢轉化成顧客的認知優勢，那麼極致的產品主義反而會帶來巨大浪費，這再一次印證了企業內部只有成本，沒有成果。

14 沒被占據的特性就是機會

新品類不僅是新技術，也是認知上的開創。任何創新技術的突破，如果沒有實現和顧客認知的關聯，就是沒有意義的。品類創新不僅是技術或產品的發明，也是新品類的率先定義，率先進入顧客心智，形成「品牌＝品類」的認知，最終成為品類之王。

時間窗口的本質是，認知尚未被占領，心智處於空窗期。判斷一個行業是否觸及天花板，要看顧客的心智市場是否還有機會。物理市場永遠是飽和的，即使貨架上琳瑯滿目，但只要顧客心智中空空如也，就意味著仍然存在心智視窗期，這時物理市場就算競爭激烈也只是處於價格戰的競爭低維度階段。

開創品類只是事實領先，主導品類才是認知領先。開創新品類並不意味著能夠成為品類的首選，因為潛在顧客的心智中並不知道誰是開創者。有些品牌雖然不是品類的開創者，但

是通過占據顧客認知成了品類代表者。對品類開創者來說，最重要的就是進行飽和攻擊，確保戰果，讓潛在顧客知道誰才是第一品牌。

心智階梯啟於分類，階梯有限而品類無限。人們可以記憶龐大數量的品類，但是在同一個品類中，大腦能存儲的品牌卻極其有限。已有的品類即使提供了更好的產品，往往也無法被顧客心智存儲；即使能存儲，機會也非常有限。但顧客心智對新品類的存儲空間是無限的，所以新品類的機會也是無限的。

品牌只有明確品類歸屬，才能有效對接顧客需求。人們對新事物的學習，首先取決於它的「品類」歸屬，其次是對其「特性」的瞭解。要想準確對接客戶需求，首先要明確產品的品類歸屬。把產品定義到不同品類，對接不同需求，產生的價值也不同。

強勢的品牌源于強勢的品類，不要只盯著理論上的細分客群，應該針對品類顧客做品牌行銷。傳統行銷理論認為，品牌可以針對不同的細分客群精準行銷，成為「小而美」的品牌。但現實中不存在永恆的「小而美」品牌，要麼增長，要麼停滯。品牌客群之間最大的差異，不在於個性特點、價值

觀等等，而在於規模大小。

對於無威脅的競爭，要引導其共同做大品類。創業者做任何一種創新，都會馬上有同類競爭的跟進。要準確判斷同類競爭的性質，對自己無威脅的競爭應該容納，既然開創了一個新品類，就應該吸引同類的競爭，共同來做大品類。

顧客需要的但還沒有被對手占據心智的特性就是機會。品牌經營者一方面要關注顧客需求，另一方面也要關注競爭。競爭對手和你一樣，也想給顧客提供價值。如果你仍要去搶占同樣的價值，就會造成同質化競爭。一旦品牌走進同質化競爭，就陷入了苦戰。

「老四」要打側翼戰，開創新品類。「老大」已經封殺品類，「老二」已經占據特性，「老三」垂直聚焦，而新進入者就要在無人地帶降落，開創新品類。

品牌要儘早將品牌與品類關聯起來，形成「品類＝品牌」的認知。要想做新品類優等生，最重要的是對市場和消費人群有敏銳的洞察力，把握品類分化的節奏，選擇最佳視窗期進入，太早進入消費習慣還沒形成、認知成本高，太晚進入又過了紅利期，競爭也會加劇。

封殺品類，阻斷對手。當你有一個機會封殺品類的時候，要有足夠的飽和攻擊去封殺品類，這樣一方面你自己的賽道會擴大，另一方面會堵住對手的跟進。

企業的首要目標是成為品類的代名詞，占據主導性的市場占有率和心智占有率。企業往往傾向於追求利潤最大化，其實在新市場出現時，企業的第一要務應是以快速的行動奪取具有壓倒性優勢的市場占有率，成為消費者心智中的第一，獲得領導地位。

大賽道只剩小機會，小賽道才有大機會。對於消費品來說，真正的創新是品類創新，利用小賽道去切入發展，成為品類代名詞，更容易從市場競爭中突圍。例如妙可藍多選擇兒童零食乳酪棒切入市場，空刻意麵開創在家輕鬆做餐廳級意麵的新體驗。這些品牌從細分品類快速起勢，並加速品牌破圈，迅速搶占顧客心智。

創造未來是開啟新品類的潛能。預測未來和創造未來是不同的。你無法預測未來，預測未來是寄希望於在未來某一時刻，消費者的行為會發生變化，這是在守株待兔。創造未來是推出一款新產品或服務，而它可以成功創造出一種趨勢。

品牌的價值在於「品牌＝品類」，這個等號畫得越快越值錢。
發現和選擇品類機會是企業家首要的經營決策，需求的原點從未變化，變化的只是滿足需求的方式。誕生新的品類機會或品類特性機會，才是品牌新機會。

品類的生命力確定了品牌的生命力。 不要只看現在的品類有多大，要看潛在需求的賽道有多大。要有「真需求」，必須從顧客角度出發，這種需求往往是一種強烈的隱性需求；「大賽道」，通常指市場規模大、趨勢正當紅的賽道；「高附加值」，意味著核心人群有反覆訴求，並且願意支付高溢價。

跟主流市場相反走，才能開創一個「新大陸」。 哥倫布是一位偉大的航海家，他選擇西行戰術是因為大家都向東航行，沒有到達印度卻發現了新大陸，其實不管西邊有什麼，哥倫布都會是第一個發現的。

市場的新進入者可以打側翼戰，在無人地帶開創新品類。 側翼戰適用於規模再小一些的企業：（1）最佳的側翼戰應該在無爭地帶進行；（2）戰術奇襲應該成為作戰計畫中最重要的一環；（3）乘勝追擊與進攻同等重要。

生存下來的最好方法就是成為龍頭。每當一個商業模式誕生,馬上就會有無數家企業冒出來。在規模接近或賽道接近的企業中,龍頭的生存機率要大很多,原因是同一個行業裡,顧客大腦中存放不下那麼多供應者。在顧客心智中,只有數一數二才能存活。誰先打進心智,誰就占據主導。

15　需求的終點是人性

用戶需求像一座冰山，隱藏在水面下的才最重要。亨利・福特曾說：如果當初我去問顧客他們想要什麼，他們只會告訴我想要一匹更快的馬。然而更快的馬，只是用戶的陷阱。只有跳出「馬」的陷阱，才能洞察到「更快」才是用戶的本質需求。用戶需求像座冰山，露出水面的是顯性需求，藏在水下的隱性需求才最重要。

不要試圖改變顧客的願望，而要幫助他們實現。戴爾・卡內基在《人性的弱點》一書中指出：影響別人的唯一方法就是談論他們想要的東西，並告訴他們如何獲得這些東西。說服顧客的根本訣竅是洞察人性，刺激顧客產生需求，提供解決方案，同時還要降低顧客的行動成本。

好產品讓人「上癮」，好品牌創造「偏見」。凡是能讓人「上癮」的物質，都有巨大的創業空間；越是讓顧客「上癮」的產品，越能帶來更多的復購。除了產品本身，更多還要看品

牌，好品牌總是能創造在消費者心智中的「偏見」。讓用戶「上癮」的秘訣是基於人性的弱點製造人們的「爽點」；讓品牌產生「偏見」的秘訣是利用人性的常識，讓其成為社會的共識。

說服用戶的根本秘密是洞察人性，刺激用戶產生需求，提供解決方案，本質是擊中用戶的痛點，讓他們的爽點、癢點得到滿足。用戶的痛點就是他們的恐懼，爽點是需求得到及時滿足的愉悅，癢點是讓用戶成為理想的自己。如果不能令人愉悅或抵禦恐懼，那它就是一個不痛不癢的產品。

品牌定位要足夠簡單，必須「一刀致命」。從企業視角來看產品，都希望將產品的三大優勢、七大賣點全部說給顧客聽，然而顧客天生厭惡複雜。顧客心智每天接受太多資訊，只能用最簡單的方式來處理資訊。

創造顧客，而非製造產品。由內而外的思維方式往往是企業發展的最大障礙，內部思維更多關注的是「我」，只看見自己的產品好、技術強，看不到外部的顧客需求和市場競爭在變化。抱著只管做好產品、顧客不請自來的想法，很容易患上市場行銷「近視症」。

行銷不是販賣產品，而是激發需求。行銷的核心不是販賣產品，如何激發用戶內心的「想要」才是最關鍵的。好的行銷必須與消費者的缺乏感建立關聯，喚醒他們潛在的缺乏感。今天的消費者想要的不僅僅是產品、功能，產品背後的意義和歸屬感更加重要。販賣產品只是在告訴消費者他買到的是什麼東西，販賣意義則是告訴他買了之後會有什麼變化。

行銷是概念之戰，而非產品之戰。如果你的敵人擁有原子彈而你沒有，那學習再多兵法也不會有幫助。幸運的是，明顯在技術上勝出的產品很少，「更好」是個主觀概念。

讓消費者記住產品，而不是記住廣告。廣告的價值是發射、傳遞資訊，創意要圍繞著資訊服務，如果創意掩蓋、稀釋了資訊，播完之後讓消費者感受到這個廣告真好，而不是這個產品真好，那麼做的就是無用功。廣告創意要體現品牌核心價值，否則無助於心智認知的建立。

聚焦核心業務，減少長尾產品。貝恩諮詢根據對消費品行業領先的數百家公司的分析，指出核心業務貢獻了公司超過90%的利潤。企業要思考哪些才是真正的核心業務，能夠帶來長期品牌複利的價值，不能把「發胖」誤認為是增長，要「去肥增肌」，找到增長的關鍵引擎。

如果產品不能成為消費的符號，就很難獲得真正意義上的品牌溢價。法國社會學家尚·布希亞在《消費社會》中提出：人們從來不消費物的本身，人們總是把物當作能夠突出自我的符號。在商品的世界，從來不多一件產品，也不少一件產品，但人們永遠缺乏證明自我的符號，通過消費，人們獲得了某種特定的符號認同。

創造需求是從一個新的角度，在產品和消費者的欲望之間建立連接。很多時候並不是我們的產品缺少什麼價值，而是我們不知道該在產品和消費者的欲望之間建立何種連接，尚·布希亞在《消費社會》中提出：「消費的目的不是滿足實際需求，而是不斷追求被製作出來的、被刺激起來的欲望。」消費者需要借助產品或品牌來表達自我，實現理想自我，通過消費獲得某種特定的符號認同。人們消費的不是產品本身，而是把產品當作突出自我的符號。

商戰中的坦誠定律：承認弱點更易吸引顧客關注。使產品深入人心的最有效方法之一就是首先承認自己的不足，之後再把不足轉化為優勢，坦誠可以解除顧客的戒備心理，例如「安飛士是租車市場的老二，所以我們櫃檯前的隊伍更短」。

理性價值動腦，感性價值打動人心。消費者對品牌價值的感

知主要來自兩方面：理性價值和感性價值。理性價值是產品本身的實用價值，主要用於滿足消費者需求；感性價值是消費者心智中通過聯想與想像賦予品牌的無形價值，主要用於觸動消費者情緒，驅動人們做出購買決策的往往是感覺而非理性。

喜新厭舊是人性，用戶需求一直在那裡，等待被更好地滿足。 而要滿足使用者需求，首先要有更好的產品，在產品上有突破；其次，產品與行銷是硬幣的兩面，從來沒有所謂的只把行銷做好的道理，也從來沒有產品好就不用行銷的邏輯。行銷決定了用戶是否嘗試，產品決定了使用者是否復購。

不要浪費時間在問題產品上。 很多行銷人員投入太多的精力考慮如何讓遇到問題的產品擺脫困境，卻捨不得花時間考慮怎樣讓成功的產品更上一層樓。正確的做法應該相反，把打敗仗的斃掉，並將資源配給正在取得勝利的產品。

產品要順應使用者的潛意識，避免觸發防禦。「微笑」會讓我們放下防禦，「重複」會改變我們的觀點，潛意識對我們的影響無處不在，產品要做的就是迎合用戶潛意識下的選擇。一旦讓用戶思考，就會抬高門檻，降低轉化率。

16 產品的價值應大於價格

產品定價的邏輯不在於成本，而在於企業如何定義、傳遞產品價值。 定價的邏輯不在於成本，而是創建優勢認知。產品價格源自品類與場景帶來的價值認知，品牌、通路、推廣都是傳遞認知的通路。相比成本，消費者更關注的是購買產品帶來的收益，這種收益包括使用價值、功能價值、形象價值、社會價值四方面。

只有攻上了制高點，企業才掌握了定價權。 你占據了什麼樣的位置，就相應地可以用什麼樣的價格。反之，不在那個位置就定不了那個價格，因為你沒有那個勢能，消費者不接受、不認可。

高性價比並非只是制定最低價，而是讓顧客感受到的價值大於價格。 有的企業認為通過嚴控經營成本、利用規模效應、掌握技術優勢等途徑實現高性價比，在價格上拿出誠意，消費者就一定買單。但這些方法僅僅是從企業供應鏈和生產視

角來考慮，缺乏消費者心理視角的考量。

如果競爭對手能把價格降得一樣低，那麼降價通常是愚蠢的行為。 一般而言，價格是差異化的敵人。當企業的行銷活動聚焦價格的時候，就開始破壞顧客將品牌視為「獨一無二」的機會，這一行為會讓價格成為顧客選擇你而不選擇競爭對手的主要考慮因素。

專注價值競爭，避免價格競爭。 消費者主權時代，需要企業重新回歸為消費者創造價值的本質。消費者是否購買，不僅取決於商品本身，還取決於商品之外的「價值感」，即具有差異化的價值主張。

消費升級的重要方向，是從產品價值向精神價值轉移。 以前的產品看中的是功能，強調產品價值。現在除了最基礎的產品功能，還強調能帶給用戶什麼精神價值。

優勢最大化才能突圍，木桶理論只會平庸。 人們要的是品類中最好的產品，而不是兼有多個品類特徵的混合產品。如果你的產品功能繁多卻表現一般，而不是只有一項功能但表現突出，那你就沒有任何差異化，因為消費者對你沒有突出的記憶點。

產品層面的價值差異越來越小，左右顧客選擇的更多是品牌價值。顧客購買你的產品，歸根結底是因為你創造的顧客價值大於顧客付出的成本。顧客價值分為產品價值和品牌價值，即產品價值＝內在價值＋外在價值，這一公式指引著企業去生產高品質的產品；品牌價值＝保障價值＋彰顯價值，這一公式則指引著企業通過品牌去降低各種交易費用。

品牌的價值在於建立信任，降低交易成本，創造溢價。新冠疫情導致消費者更加趨於理性，在消費上更為謹慎，把錢花在更穩妥、更具確定性、信賴感更強的產品上。

顧客能感知到的才叫「價值」，顧客感知不到的成本是浪費。在產品供給過剩的時代，產品功能性的重要程度已經逐步讓位給解決方案。管理學大師彼得·杜拉克說：顧客購買和消費的絕不是產品，而是價值。行銷學家澤瑟摩爾從顧客角度進一步提出了「顧客感知價值」理論，企業為顧客設計、創造、提供價值時應從顧客導向出發，把顧客對價值的感知作為決定因素。

性價比容易模仿，心價比很難超越。消費市場正在從功能消費走向意義消費，消費觀念也從性價比轉向心價比。品牌真正的價值不僅是產品本身的使用價值，更是對人心的感動與

撫慰。一個產品的性價比你可能追得上，但是一個成功品牌的心價比你很難追得上。

品牌方法論從傳統的「企業品牌」轉變為企業與消費者「共創品牌」。品牌價值只有被消費者認同，才能具有銷售力，否則就只有產品、沒有品牌。品牌價值只有消費者主動參與，才能獲得超額利潤，否則無法產生溢價。品牌價值只有能被消費者預期，企業才能持續獲利。如果打破了消費者的穩定預期，品牌的長期獲利能力將中斷。

「新價值」不是滿足和迎合現有需求，而是開創需求、刷新價值。消費者往往「言行不一」，他們自己也描繪不出心裡想要的產品，只有親眼看到具象的產品，才能覺察自身的潛在需求。如果不能「滿足」和「迎合」用戶的需求，就很難創造出真正讓用戶感到驚喜和滿意的新價值。

產品競爭力的核心，是價值大於價格。產品之所以能被使用者選擇，往往是因為產品的價值大於價格。產品價值有三個層面：一是核心產品價值，最重要的是功能，而功能來源於需求；二是形式產品價值，最重要的是外觀，能喚起情緒價值；三是附加產品價值，很重要的一項是服務，只有使用者獲得了期望之外的利益，才有市場競爭力。

獲利

消費者只有想到你的價值，才會想到你的名字。廣告中的品牌信息很重要，但是價值資訊比品牌資訊更重要。使消費者產生興趣的不是名字，而是價值。如果品牌價值沒有打動消費者，只是單純重複品牌名，往往效率低下。而當品牌價值令消費者印象深刻，消費者反而更容易記住品牌名。

疲于追逐紅利，不如打造複利。依靠爆品和流量紅利，新銳品牌可以線上迅速起量，然而沒有品牌力的護城河，競爭對手就會迅速模仿，以更低的價格取代，隨之而來的便是產品同質化、陷入價格戰、流量成本上升、利潤受擠壓。越來越多的品牌意識到，比 GMV（成交總額）下滑更可怕的，是「用戶記不住我的名字」。

在特定的時間、空間激發潛在需求，場景需求的觸發是最大的商業增量。新銳品牌要破圈，成熟品牌也要破圈，只不過後者破的是更大的圈，是從固化的生活場景向全新的生活場景的聚焦開拓。成熟品牌自帶勢能和信任，如果更好地對接和激發潛在需求，就有機會產生更為巨大的增量空間。

行銷的本質是利他，是創造價值。所有行銷理論其實最終都落腳於兩個字：價值。通過研究消費者的需求痛點，決定向其提供何種價值；接著打磨產品，創造價值；再向消費者傳

遞價值，把產品價值轉化為用戶認知；最後與消費者結成價值共同體。企業的利潤是創造價值而獲得的獎勵。

17 聚焦單一特性才能提高競爭力

有所不為,才能有所為。杜拉克提出「要事優先原則」,即重要的事情優先做,一次只做好一件事情。孟子說,「人有不為也,而後可以有為」,放棄那些沒有成果的產品或服務,集中資源投入那些真正能夠產生更大成果的機會中去。學會放棄,貴在有所取捨,有捨才有得。

企業和品牌要獲得競爭力,唯有聚焦。太陽的能量為鐳射的數十萬倍,但由於分散,變成了人類的皮膚也可以享受的溫暖陽光。鐳射則通過聚焦獲得力量,輕鬆切割堅硬的鑽石和鋼板。

企業取勝的關鍵在於「單一要素最大化」,集中優勢力量重點突破,並且擊穿門檻值。查理・蒙格說:一個企業一旦在某個重要的環節上做到近乎荒謬,那麼它就具備了取勝系統。能讓用戶記住並感動的,是那些近乎荒謬的品質或服務,即在單一要素上聚焦資源所帶來的峰值體驗。企業應聚

焦一個核心要素，重度投入資源，讓單一要素最大化。

最大化單一要素而產生的極致荒謬，最容易引發用戶的強烈記憶和好感，最容易建立知名度和打通心智連接。傳統管理學中有個「木桶理論」，即一個桶能盛多少水，取決於最短的那塊木板。但查理·蒙格認為，能取得大成就的企業和系統，沒有一個是用木桶理論的；那些取勝的系統，往往是最大化某個單一要素，走到近乎荒謬的極端。

事越做越窄，路才能越走越寬。面對諸多挑戰，要做得更窄更深，聚焦產品創新，聚焦品牌打造，讓品牌成為用戶心智首選。集中精力和資源做好最重要的事，什麼都想做，最終往往什麼都做不成。

聚焦單一特性會獲得認知獎勵。《影響力》作者羅伯特·席爾迪尼發現：單方面引導更容易帶來積極評價。只要我們能讓人們把關注點放在某一樣東西上，比如一個想法、一個概念等，就會讓這件事顯得比其他事更加重要。在行銷中，當品牌聚焦產品的單一特性時，心智就會主動放大這一特性的價值。當消費者注意力聚焦于單一特性時，認知會給予這一特性較高評價，而這個評價通常會高於產品特性本身的價值。這是通過聚焦獲得的額外價值，可以稱之

為「認知獎勵」。

聚焦單一特性加強產品競爭力。把有限的資源和注意力「撒到」所有的產品特性上與聚焦單一特性，帶來的結果截然不同。前者是均攤，導致產品缺乏突出的功能；後者是聚焦，使產品本身在某個功能上有顯著的競爭力。

占據特性就是以己之長攻敵之短。如今的企業不要奢求將產品打造得面面俱到，而是時刻關注，找到你在消費者心智中最能夠取得優勢的那個點，將所有資源投入這個特性中，從而在消費者的心中將自身優勢無限放大。

聚焦單一特性，加強資訊傳播的一致性和有效性。當品牌傳播多個特性時，容易帶來混亂並干擾判斷，這會導致品牌與消費者之間出現資訊錯位。資訊一旦不一致，就缺乏可信度，消費者沒有時間也不願意去搞清這些資訊的真相。資訊一致會減少溝通犯錯的機會，而且不斷重複一致的消息更令人難忘。

品牌建設是一個在心智中持續貼標籤的過程。品牌要想被消費者有效認知，首先要對品牌價值進行簡化，找到最能代表自己的關鍵詞，形成具有差異化、辨識度高的品牌標籤，加

深消費者對品牌的印象、對品牌價值的理解、對品牌特性的辨識。

要主導一個品類，既要認知聚焦也要運營聚焦。戰略聚焦有兩重含義：一是心智戰場上的認知聚焦，二是物理戰場上的運營聚焦。認知聚焦是品牌必須主張一個獨特而有價值的定位，並保持資訊傳達的一致性。運營聚焦是消除無效或低效的運營活動，從而提升運營效率。在非核心地帶做減法，將釋放的資源在焦點處做加法。

成功的方法不是四面出擊，而是聚焦。行銷資訊如同刀刃，你必須把刀刃磨得鋒利才能讓資訊切入使用者心智，行銷資訊過多，刀刃就變鈍了。

模仿不如對立，不同勝過更好。有些企業認為自己的產品品質比別人更好，或者價格比對手更有優勢，用這種「比對手更好」的思路做企業，無論是更好的價格還是更好的品質，往往都是走不通的。在消費者的認知結構中，跟風意味著「二流」，成功的秘訣在於反其道而行之，與其更好，不如不同。

同質化的本質是認知上的趨同。同質化在消費者看來就是

「同值化」——價值等同。商品的極大豐富、科技的日新月異、競爭的加劇、資訊的超載都會造成消費者注意力的稀釋以及選擇障礙。產品如果沒有獨一無二的價值，在顧客心中的位置就是備胎。

心域流量是把產品刻在消費者的心裡。企業不得不面對的殘酷現實是：公域流量成本越來越高，私域流量的轉化也越來越不理想。想要破解增長焦慮，真正要抓住的是「心域」，抓住「心域」才有持續免費的流量。產品容易被模仿，但在消費者心裡的地位無法模仿。

品牌越高端，符號效應越強；媒介越強勢，背書效應越強。消費的「戲劇效應」又叫作消費的符號化，或稱之為符號化的消費。通過符號傳遞產品之外的隱性資訊，包括價格資訊、文化偏好、社會階層等諸多隱藏在產品背後、附著在符號之上的資訊。

放棄才能擁有，敢於犧牲才能長勝。成功的行銷必須懂得有所犧牲，集中資源攻擊一點，在局部形成必勝優勢。這包括三方面的犧牲：產品系列、目標市場以及不斷變化。不要企圖擁有全產品線覆蓋各種各樣的目標市場，不要企圖吸引每一類顧客，不要試圖追隨每一個潮流與風口。

犧牲短暫的利益，往往才是長勝之計。商戰中的「犧牲定律」意味著成功的市場行銷必須懂得有所犧牲。犧牲一些非重要的市場布局，把更多資源集中在最重要的地方。

18 專注價值競爭，避免價格競爭

高端並不是看起來高級的產品，而是擁有話語權的產品。擁有一款極致的產品，主導一個品類是成為高端品牌的方法之一，因為你一旦成為某個領域的「老大」，就擁有了定價權。反之，不在那個位置就定不了那個價格，因為你沒有那個勢能，消費者不接受、不認可。你占據了什麼樣的位置，就相應可以用什麼樣的價格。

產品同質化導致價格血戰，內部供應能力難以轉化為外部成果。從大資料到人工智慧，大量技術的運用提升了組織內部供應的效率，使得供應能力彼此提升，但組織的挑戰主要是供應嚴重過剩導致的外部擁擠。

品牌的目的是實現溢價，而不是性價比。如果目的是販賣低價，那麼根本不需要做品牌。那些成功的品牌，無論自身產品屬於高價還是低價類型，都不曾把低價作為吸引用戶的核心賣點。如果用戶是因為你的低價來，就會因為你的價格不

夠低而走。

如果對手能把價格降得和你一樣低，那麼降價注定是無效的。試圖將競爭對手重新定位為「價格貴」通常不是好戰略，當價格成為傳播資訊的焦點時，你就失去了讓顧客關注你獨特價值的機會。

守不住定價權，品牌力就無從談起。主導一個品類是成為領導品牌的方法之一，品牌力約等於定價權，一旦成了某個領域的「老大」，就擁有了定價權。反之，不在那個位置就定不了那個價格，因為沒有那個勢能，消費者不接受、不認可。

高價格往往代表高品質，且能提高經銷商的盈利能力。面對競爭對手的價格戰，最明顯的手段是降價，其優勢在於市場是現成的，畢竟顧客都想省錢，但降價會削減利潤，導致很難盈利。此時高價位打側翼戰反而更有機會，顧客傾向于以價格衡量品質，認為高價應該物有所值；同時高價能帶來高利潤，讓企業有資本在關鍵追擊上持續投入。

守得住自己的價格，就代表了品牌力。在市場上，只有領導品牌才擁有定價權。無論是更貴的品牌降價，還是同價位的

品牌降價，能守得住自己的價格，就是企業的品牌力。

品牌只有具有清晰的價值設計，才具備真正的差異化競爭優勢。品牌價值實際上包含三種價值：工具價值、個體價值、社會價值。工具價值承載品質特性，個體價值承載自我表達，社會價值承載群體共識。

消費升級新內涵正從價格敏感過渡到價值追求。消費分級將越來越明顯，大眾是清單式消費，中等收入人群是衝動式、觸發式消費；大眾是趨同化消費，中等收入人群是趨優化消費；大眾是功能化消費，中等收入人群是美學化、精緻化、健康化消費。

品牌是讓消費者關注價值，忘記價格。品牌建設的一個重要任務就是推動消費者從價格敏感向價值敏感躍遷，單純的低價策略其實並不能帶來正向的價值增長，反而會使企業加速陷入激烈的價格戰中。品牌的價值在於建立信任，降低交易成本，創造溢價，讓消費者「只談價值，不談價格」。

品牌價值＝保障價值＋彰顯價值，這一公式指引著企業通過品牌降低訊息費用。品牌價值分為保障價值和彰顯價值：保障價值為顧客提供安全感，讓顧客快速、放心地做出決策；

彰顯價值是顧客在消費過程中展現出的身分地位、觀點態度等，降低了顧客與他人之間的資訊溝通費用。

盲目追求短期利益，往往會反噬長期價值。品牌帶來的是消費者決策中的主動選擇和自發選擇，是不需要思考的放心選擇，不是全網最低價的誘惑，更不是限時搶購的緊迫感帶來的衝動。這些行銷手段只能產生短期增量，而品牌的長期價值才是「基本盤」。

行銷解決的是價值交付問題，主要是資訊通路和商品通路。信息通路其實就是媒介，商品通路其實就是通路，解決了這兩個問題，那你的行銷就是高效的。許多處於困境中的企業往往只專注於自己的問題，其實使自己脫困的關鍵通常在於解決顧客的問題。信息溝通越準確，商品通路越順暢，顧客隨時就能想得起、買得到。

「貨找人」的競爭終局是價格戰，「人找貨」的競爭終局是價值戰。「貨找人」是精準分發，提高交易效率；「人找貨」是品牌打造，人們想起一個品類就想到你，這才叫品牌。打造品牌需要通過中心化媒體，建立起購買者、決策者、影響者、傳播者等主流人群的群體認同。

獲利

尋求短期效果往往來得快，去得也快。許多市場行銷活動都表現出同樣的現象：長期效果與短期效果正好相反，雖然短期內促銷能增加銷售額，但從長期來看促銷只會減少公司的銷售額，因為它教會顧客不要在正常價格購買產品。

用戶被補貼吸引而來，也會像水一樣流走。企業無論通過何種方式獲取用戶，都要思考用戶是沖著補貼來的還是沖著產品價值或定位來的。每個企業都必須回答一個問題：我存在的獨一無二的理由是什麼？純粹靠打折促銷、買流量生存難以持續。

當企業把資源聚焦在如何更快時，其實就已經輸掉了。只想著更快地把產品賣出去，把精力都花在速度上，而沒有去研究價值，因為價值太慢，打價格戰更快，一降價用戶就來，一促銷用戶就買，這可能會得到短期的回報，但卻損失了長期利益。短期越奏效，長期越無效。

長期促銷打折會動搖品牌的「價格錨點」。消費者對任何產品，心裡都有一個「價格錨點」。基於這個「價格錨點」，消費者覺得你的品牌越值錢，就願意支付更高的價格，從而產生品牌溢價。同時，消費者也在用品牌溢價來衡量品牌本身的價值。假如長期促銷打折，就會給消費者造成品牌價值

下降的暗示。

促銷短期有效，但對長期的生意無益。你無法通過取悅消費者而獲益，取悅消費者的最好方式是免費贈送。通過打折促銷、返利、發放優惠券，你會贏得短期褒獎，但競爭對手會馬上跟進。

促銷只是表明正常價格太高，長期來看只會減少銷售。短期內，降價促銷能增加銷售額，但從長期來看，促銷只會減少銷售額，因為它教會顧客不要在「正常」價格時買東西。除了「以更便宜的價格買東西」這個事實，促銷不能告訴顧客其他什麼。

經常降價並不會真正贏得消費者，反而傳遞了「不要在正常價買我」的訊息。降價促銷可以引誘人們嘗試某個品牌，但很難讓人們產生對品牌的偏好。消費者在一次購買之後往往又回到自己熟悉的品牌，仿佛什麼事情都沒有發生過。

企業應抓住真正稀缺的、不變的東西，而非花精力去關注無限的、流動的東西。企業越是對增長有焦慮，就越會降價促銷、讓利通路，雖然短期內銷售額上來，卻往往失去了品牌的勢能。越是對盈利有要求，就越會對每一筆投放都計算短

期 ROI（投資回報率），導致不打平不做，這樣反而喪失了長期產生更大盈利的可能。

第四章

品牌即人心

19　品牌是企業最深的護城河

品牌力才是企業真正的免疫力。 品牌是資產，但無形資產在日常情況下經常被人忽視。經過這次新冠疫情，我們就發現品牌是保險，關鍵時候是救命的，是決定生死的。

市場不確定，品牌反脆弱。 在快速變化的時代，各種新技術、新演算法層出不窮，這種不確定性對於品牌來說就像「黑天鵝」事件。想要避免「黑天鵝」的衝擊，企業應該為品牌資產持續投入，建立品牌的反脆弱性，通過品牌的確定性對抗外部環境的不確定。

品牌資產的積累路徑是在消費者心目中修建一條有效的護城河。 大規模、持續投入建立品牌是為了在消費者心目中形成品牌認知，將來有任何其他競爭品牌出現時，就可以抵禦這種干擾競爭。

品類解決需求，品牌解決選擇。 做品牌的目的就是讓品牌名

在消費者心智中與品類名建立強關聯性，因為消費者是用品類解決需求，用品牌簡化決策。品牌在某種意義上，就是幫助消費者做一個有確定性和安全感的選擇。

品牌是解決複雜資訊的一種手段，目的是降低消費者的選擇成本。 品牌在將資訊傳遞進消費者心智的過程中，時刻充滿著雜訊的干擾。因此，廣告資訊首先必須準確切中消費者心智中獨特的、空白的位置，接著再通過大量傳播，成功克服其他資訊雜訊的干擾，形成消費者心智中堅實的記憶。

品牌是訊息的簡化器，降低消費者的決策成本。 網路創造了即時、海量的訊息，從圖文到視頻、到直播，內容與手段越來越豐富，品牌與顧客的溝通效率由此提高了嗎？實際上正相反。訊息越來越豐富，傳播通路越來越發達，網際網路讓每個人都可以發出自己的觀點、聲音，這樣訊息超載反而讓精力有限的消費者不堪重負。

品牌是將成本轉化為績效的轉換器。 企業無法將整個組織裝進顧客頭腦，只能將代表著企業產品或服務的符號裝入顧客頭腦，這些符號就是品牌。顧客心智中不存在企業，只有品牌。如果不能在顧客心智中建立起品牌，企業所有的投入就只是成本，無法轉化為績效。

品牌的底層邏輯是社會效率，最終目的是讓使用者迅速做出選擇。 品牌是消費者的效率，在一定程度上簡化了消費者的決策過程；品牌更是企業的效率，每一次在消費者眼前出現，都是在加強消費者對品牌的認知程度與品牌自身的鮮明度。當你成為一個強大、穩固的品牌之後，你所做的運營、通路、傳播等所有事情都會變得極其有效率。

品牌的本質是大眾共識。 人類社會的本質是共識，就像所有人都認為黃金很值錢。品牌的本質其實也是大眾共識，只有成為社會共識才能真正成為公眾品牌。而流量的本質是注意力，注意力只能帶來短期刺激，適合短暫的衝動性消費，沒有品牌勢能的積累和心智認知的固化。

品牌的意義是搶占消費者心智，從而被消費者優先選擇。 只要品牌所屬的品類在高速成長，企業就必須優先把握成長的機會，不惜代價也要在顧客心智中成為第一，從而屏蔽競爭品牌。網路品牌中，贏家通吃的現象尤其明顯。

強大的領導品牌能夠成為品類的代表，彰顯領導地位是鞏固品牌的有效手段。 領導地位是品牌最有效的差異化概念，因為它是為品牌建立起信任狀最直接的方式。有太多的公司認為自己的領導地位是理所當然的，因而從不利用，這只會讓

獲利

競爭對手有機可乘。如果你不彰顯自己的成就，緊隨其後的競爭者就會想方設法占據本屬於你的領導地位。

流量時代更凸顯品牌的「錨定」價值。 在資訊超載的時代，置身于訊息海洋中的產品猶如滄海一粟，在訊息流的沖刷下與消費者的距離只會漸行漸遠。因此，品牌「錨點」的重要性日益凸顯。只有強勢的品牌才能幫助企業在流量時代建立「錨點」，擺脫流量經濟的套牢。

商品本身可能還是那些商品，無形的品牌價值使其變得獨特而強大。 一項針對標準普爾 500 指數的研究顯示，過去 30 年來，無形資產的貨幣價值從 17% 增長到了 80%，這些公司資產中價值最高的是品牌，無形成本和無形價值才是品牌競爭的關鍵。

真正賺錢的品牌符合「七三原則」。 凱度研究顯示：品牌資產所帶動的中長期銷售效果被嚴重低估，在真實市場環境中，有 70% 的銷售在中長期發生，由品牌資產貢獻；而短期直接轉化實現的銷售僅占 30%。品牌廣告所打造的品牌資產才是帶動中長期增長的核心。

品牌的利潤率等於你在消費者心智中的清晰程度。 當品牌成

為某類產品的代表時,大多數人就會直接使用品牌的名稱,有些品牌名稱甚至被消費者當作動詞來使用,例如「百度一下」「順豐給你」,這些品牌已經成為品類的代名詞。在消費者心智中擁有一個足夠清晰的專屬詞語,消費者在做選擇時自然會首先想到你。

品牌的長期建設,不是成本而是投資。愛迪達全球媒體總監在接受 Marketing Week 採訪時表示:「愛迪達過度投資了數字和效果通路,犧牲了品牌建設。我們正逐漸加大對品牌的投資,這也代表了對品牌的願景和關注品牌長期健康的思考方式。要知道,在短期交付的背後,品牌才是最終交付的目標。」

品牌經營不是花費,而是一場投資。企業不能把經營品牌的花費當作成本消耗,持續的有效行銷是對品牌的投資,會在品牌價值上得到正向累積,當品牌價值積累到了一定程度後,什麼時候想取立即就能取出來。

品牌認知既是流量製造機又是轉化催化劑。IPA Databank 研究了從 1998 年到 2018 年的企業案例,認為品牌建設和銷售轉化的預算分配可以根據品牌生命週期來決定。領導品牌的品牌建設預算比例最優為 72%,成熟品牌的品牌建設預算比

例最優為 62%，成長品牌的品牌建設預算比例最優為 57%。

品牌戰略遵循一致性原則，有助於消費者形成深層心理認知。 廣告是品牌最重要的戰略武器，每年變換戰略方向是一個重大錯誤。當然，從戰術上講，語言、畫面和音樂都可以按需更換，但除了把產品由一種形式的商戰轉變為另一種時需要改變，其他時候都不應該偏離品牌戰略。

品牌戰略需要協同全部資源，在使用者心智中建立最核心的價值認同。 品牌戰略需要聚焦，在非核心地帶做減法。但只做減法是遠遠不夠的，更重要的是做了減法釋放出資源後，在焦點上運用這些資源再去做加法。焦點上的加法比減法更難，更需要創造力。

20 品牌是一種身分認同

品牌是顧客的一種自我投射，顧客通過購買建立身分認同。品牌故事的關鍵點在於，故事的主角不是你的品牌或產品，而是消費者。你的品牌或產品必須有助於消費者達成他們自己的目標，實現他們自己的潛力，讓他們成為自己想要成為的人。

品牌決定了商品與服務的價值認知。兩件同樣的衣服，為什麼印上了不同的標識，我們就可以接受它們相差數十倍的定價？如果品牌在用戶心中已經建立起認知與價值感，當商品被印上不同的品牌標識，我們擁有的對品牌的印象、感受，就會瞬間投射到商品上。

顧客不是在「購買」商品，而是想「成為」某一類人。今天的顧客不僅僅是在「消費」，「成就更多」遠比「擁有更多」更重要。顧客想要的不僅僅是功能、利益和體驗，還想要獲得「意義」。

企業通過品牌幫助顧客完成自我表達，顧客通過購買行為建立身分認同。 僅僅知道你的客戶是誰遠遠不夠，你需要幫助他們成為他們想要成為的人。他們做出的每一個選擇、購買的每一件產品都在塑造他們的身分。品牌應該設計一種結構讓客戶得以認識他們自己，建立屬於他們的獨特身分。

以價值為著力點，為顧客打造一種生活方式。「鳥籠效應」是一個著名的心理現象，指人們在獲得一件物品後，會繼續添加更多與之相關的東西。從行銷層面來說，「鳥籠效應」的打開方式是以價值感為著力點，去打造一種生活方式、一種文化信仰、一種品牌精神。當我們認可品牌的主張，等於在內心編織了一個籠子。顧客買的不只是一件產品，而是想成為更好的自己。

今天的消費者是數位化原住民，喜歡個性和自我表達，有著強烈的自我認同感。 他們選擇品牌的理由不再是「企業能賣什麼」，而是「你是否代表了我」。對於今天的消費者來說，品牌背後的意義感和歸屬感更加重要。

一致性並不意味著一成不變，而是不偏離品牌的核心價值。 缺乏一致性或許是品牌遭受不可逆傷害的最重要原因之一，世界上沒有什麼比變化無常的態度更讓人困惑的了。不要隨

意改變品牌信息，除非你確定能夠大大提升品牌價值並能持之以恆，確定這一切不會造成用戶的困惑。

一致性是建立強勢品牌的關鍵。一致性能夠獲取成功的關鍵在於：首先，任何品牌定位或品牌建設計畫獲得市場回應都需要時間；其次，長期一致的品牌計畫可以占據一個堅實的位置；再次，任何變化都會潛在地削弱已經建立起來的優勢；最後，一旦建立了強大的地位，保持這一地位就相對容易。

品牌的建立是形成社會認同的過程，只有成為社會共識才能真正成為公眾品牌。羅伯特・席爾迪尼在《影響力》一書中提出了「社會認同」概念，人們傾向於認為他人比自己更加瞭解所處的情況，他人的行為也總是更合理和正確的，因此人們常常會做出和他人一樣的選擇，來獲得群體的認同。

顧客通過購買行為建立身分，品牌是顧客自我的一種投射。今天的消費者想要的不僅僅是產品，不僅僅是功能，不僅僅是利益，甚至不僅僅是體驗。他們想要的是意義，是某種歸屬感，想要創造性地掌握關於自己生活的故事。

品牌要被看到、被選擇、被需要，即建立認知、構建共識、

成為常識。 只有被看到才能讓消費者認識你，建立品牌認知；只有選擇你的人越來越多，才能構建群體性的共識；面對生活中的某個場景或需求時，當消費者把你的品牌作為不假思索的選擇，品牌就成為一種常識，成為潛意識的消費習慣。

共識是基礎，銷量是結果。 品牌共識是消費者對品牌形成的統一認知，包括兩個層面：第一是認識你的名字，第二是認識你的價值。我們很少見到哪個品牌家喻戶曉但是卻賣不動貨。如果你有足夠優秀的產品或服務，卻沒有配得上它的銷量，原因只有一個：認識你的人還不夠多。

品牌的真正威力是在顧客大腦中創造出強勁、積極、隱性的記憶。 人類偏向於選擇他們熟悉的品牌，這就是知名品牌仍需要做廣告的原因，它需要保持一定的曝光，讓人們維持熟悉感，從而創建長久的品牌記憶。這些記憶是隱性的，因為大腦是在無意識的層面上把記憶與品牌相關聯，讓顧客憑直覺或出於本能做出選擇。

經營品牌資產就是日復一日在心智認同和用戶價值創新上持續投入。 品牌資產歸根結底就兩個：心智和數字。用心智獲得認同，乃至信仰，從而創造利潤。用數位讀懂使用者，從

而創新出更好的產品和使用者池。

品牌降低認知阻力，通路降低行動阻力。品牌解決識別、理解、記憶、信任和喜愛的問題，降低顧客認知阻力。通路解決流通、交付和服務的問題，降低顧客行動阻力。如果顧客對你的品牌缺乏認知、信任和喜愛，那麼即便在通路上花費大筆促銷費用，也未必能產生可觀的銷量。品牌建設是通路建設的前提條件。

奧美創始人奧格威認為品牌形象不是屬於產品的，而是消費者聯想的集合。品牌其實是概念、印象、記憶、感覺等一連串聯想的組合。品牌在人們心中留下的聯想越豐富、越強烈、越一致，所擁有的框架效應就越強大、越穩固，品牌也就越有影響力、越有價值。一旦將品牌形象培植到出眾的地位，生產該產品的企業將會以最高利潤獲得最大的市場占有率。

當品牌在用戶心智中建立了豐富的聯想，就更容易被挑選與消費，成為首選品牌。可口可樂全球創意總監達瑞‧韋伯在《勾癮》一書中寫道：品牌管理，就是對於一連串聯想的管理藝術。品牌是一連串聯想的組合，是在人們大腦中形成的一組抽象認知，相當於在人們潛意識裡散佈了大量觸角，當

需求一冒出來，觸角豐富的品牌自然更容易被聯想到。

做品牌和賣產品的區別在於使用者願不願意為產品附加的生活方式和態度表達支付溢價。 消費者如果因為性價比而買你，也會因為其他品牌更極致的性價比而忘記你。所以不要去拼性價比，而要去累積固化你的價值認知，激發用戶的消費意願，給用戶一個買你而不買別人的理由。

只有消費者指名購買的品牌，才能避免價格戰，降低交易成本。 沒有消費者的指名購買，企業通常就只有工廠利潤，無法享受品牌的超額利潤，因為利潤往往都被價格戰和通路費消耗殆盡了。

消費者對品牌的指名購買，才是大火也燒不掉的核心經營成果。 可口可樂總裁羅伯特・伍德魯夫曾說：「如果可口可樂的工廠一夜之間被大火燒掉，三個月時間我就能重建完整的可口可樂。」這背後調動龐大資源的根本動力，是消費者對可口可樂重新上架的期盼。

品牌效應就是一種光環效應，放大產品優勢，打造超級賣點。 在品牌行銷中，光環效應意味著當品牌成為心智首選時，顧客就會「愛屋及烏」，對該品牌的其他產品和特性也

給予高度評價。因此，品牌需要聚焦某個優勢重點突破，從而建立起特色符號形成光環，並長期累積固化成為用戶共同的記憶點。

品牌要成為消費者心智中的「預設選項」。好的品牌在消費者心智中代表著一個品類或一個特性，在消費者潛意識裡化為標準、化為常識、化為不假思索的選擇。

消費者使用的是產品，選擇的是品牌。消費者購買的並不只是產品本身，還有由產品衍生出來的一系列豐富體驗。消費者接觸產品的每一個觸點，如價格、包裝、服務、廣告、通路、店鋪裝修，都會影響他對產品價值的判斷。品牌代表的是顧客體驗的總和。

獲利

21 勢能化是贏得品牌長期競爭的關鍵

品牌承諾價值，聲量決定銷量。品牌是一種包含功能價值和情感價值的承諾。承諾的含義是給消費者一個安全且明確的預期，讓消費者快速、輕鬆地做出決策。傳播則是向消費者表達並兌現品牌承諾的手段，更高的聲量有助於帶來更高的品牌勢能與市場占有率。

品牌建設應以勢能為導向，品牌勢能決定市場動能。隨著品牌聲量越來越大，品牌勢能越來越高，品牌不僅快速建立了大眾認知，影響力也會從 C 端作用到 B 端。品牌勢能的強弱決定了資源的流向，例如分眾電梯媒體的線下投放，可以導流到門店終端，換取更好的位置、更大的排面，也可以引流到線上平臺，獲得更多的流量扶持。

品牌勢能的高低決定了品牌能否被看見。心理學家認為，人的一生所追求的就是意義感。意義感從何而來？就是三個字：「被看見。」品牌畢生追求的也是如此，品牌能否「被

看見」,決定了品牌是否能被記住、被信任甚至被熱愛。

勢能化是贏得品牌長期競爭的關鍵。品牌的價值認知在消費者心智中的建立存在著一種「複利」模式。一方面要建立品牌的差異化特性,另一方面要持續傳播該特性,從而獲得品牌勢能的累積。差異化可以幫助品牌贏得階段性競爭,勢能化才是贏得長期競爭的關鍵。品牌建設不應以銷量為導向,應以勢能為導向。

品牌建立社會共識和社會場能至關重要,取大勢才會有大利,才會有長遠之利。「勢」是力量的放大器,「勢利」的勢與利是分不開的,有勢就有利。所以先不要求利,要取勢。品牌如果僅僅盯著眼前的利益,最多只能夠獲得小利、短利。要想獲得大利,首先要取大勢。[23]

品牌影響力具有從高到低的流動性。國際品牌的勢能可以影響國內,高線城市(一二線城市)的勢能可以影響低線城市(三線及以下城市),主流消費群體可以影響大眾群體。廣告是做給 20% 有消費影響力的人看的,其餘人都是跟風的。品牌首先要打透城市主流人群,因為他們定義了品牌,引領了潮流。

品牌的核心是研究人心的演算法，奪得人心的認同。廣告業之前有句話：凡是算不出 ROI 的廣告都不該投。現在大家覺得凡是能算出 ROI 的都太難投，因為你的演算法再好也算不過平臺。ROI 導向使企業更傾向於立刻見效的促銷和流量形式，一步步走向量價齊殺的泥沼。品牌勢能決定產品的溢價能力，擁有溢價能力才能有效對抗流量成本上升。品牌勢能決定品牌的溢價能力。品牌的溢價能力取決於品牌營造的勢能，包括身分象徵、情感認同、人生嚮往、自我實現等，真正取得高利潤率的品牌往往給了用戶更大的無形價值。

品牌勢能決定市場動能。品牌勢能會對龍頭資源的流向產生重大影響，你是強品牌，各種資源自然向你靠攏，以滾雪球的方式撬動越來越多的資源。而使得雪球持續滾動的動能，就是品牌的力量。

品牌驅動的飛輪效應可以帶來持續的成功。品牌建設中存在著一種飛輪效應，為了使靜止的輪子轉動起來，一開始必須對其施加很大的力。一旦輪子開始高速轉動，其本身巨大的動量和動能，能夠克服較大的阻力使其始終保持轉動。這也意味著品牌投入一旦驟減，再想獲得較高的勢能，企業就需要付出更大的代價。

品牌池要蓄水，而不是一味放水。品牌的知名度、認知度越高，流量或直播的變現率就越高。所以要不斷地向品牌池蓄水，讓水位越來越高，勢能只有積攢到一定程度才會釋放。過度依賴流量或直播促銷，會使品牌勢能被不斷消耗，增長反而會越來越困難。

品牌和通路要實現雙向奔赴。當品牌聲量越來越大，品牌勢能越來越高，在經銷商的終端網點就更容易鋪貨，換取更好的位置、更大的排面，更容易吸引消費者，形成正迴圈。反之如果通路滲透率很差，線下網點不夠，線上運營能力有限，這時候打品牌廣告反而接不住流量。

求之於勢才可以順水推舟，將品牌勢能轉化為市場動能。《孫子兵法》講「求之於勢，不責於人」，就是要往「勢」上打，提升我們的勢能。企業做的每一件事，目的都是增加品牌勢能，如同修建大壩，積蓄能量。勢能提升了，在需要的時候就可以開閘放水，巨大的勢能將轉化為勢不可當的動能。

把握高勢能內容入口，選擇高勢能媒體突破，面向高勢能受眾突破，堅持高頻率傳播節奏。只有成為高勢能品牌，才能擁有持續免費的流量，成為消費者心智中的條件反射。沒有

勢能就難成品牌，甚至稱不上品牌。品牌勢能如何構建？簡言之是四個「高」。

品牌勢能的引爆能帶來長期的品牌擁護者。今天的廣告不只是利用智慧化的技術實現更好的精準化，還要能在公眾心智中達成廣泛的社會共識，從而形成品牌能量場，解決消費者對品牌的認知和心理阻礙，這樣才能成為持續免費的流量，並在消費者心智中形成條件反射。

品牌要保持高勢能，率先搶占消費者心智才能將優勢轉化為勝勢。當產品增長出現乏力時，一方面要看到戰場，打拉新之戰，破圈突圍；一方面要看到戰勢，核心是誰能夠率先躍升量級，打心智之戰，率先搶占心智。如果只在產品、流量上做動作，很難獲得真正的優勢。

直播是品牌勢能的一次集中變現。品牌知名度、認知度高，直播的變現率就高。如果是不太知名的品牌，即使一線主播去推，也可能效果不佳。所以要不斷地向品牌池「蓄水」，讓水位越來越高，在關鍵時間節點再把品牌勢能轉化為直播銷量。要有「蓄水」的過程，而不是一味「放水」。

效果廣告是品牌勢能的短期變現，品牌建設是長期價值的持

續累積。資訊越來越碎片化,心智越來越容易失焦。如何應對?靠的就是持續做可累積的事情。什麼是累積?首先是戒除一日之功的想法。不要總想著一下子就見效,今天打了廣告明天就有效果,而是持續做、長期做、不斷投入。

22 流量紅利不如品牌複利

品牌建設是過程而不是結果。品牌對企業來說是一種「保險」，既能產生時間複利，也能在環境劇變時成為最後防線。品牌建設是一個持續的過程而不是結果，因為品牌是「時間 × 投資」的長期投入。因此，品牌行銷不能一蹴而就，更不能三天打魚、兩天曬網，一旦中斷將前功盡棄。

品牌建設不是一蹴而就的，必須堅持越過拐點。品牌是量變到質變的過程，有正確定位的廣告開始時只能帶來知名度、認知度的上升，只有越過拐點才會有銷售爆增的效果。

重複曝光可以深化品牌再認，差異化價值能提高品牌回憶。品牌認知是由品牌再認和品牌回憶構成的。品牌再認是指顧客在購買時，是否能辨別出哪些品牌是以前見過的；品牌回憶是指在給出品類、使用情境等暗示時，顧客在記憶中找到該品牌的能力。提高顧客對品牌元素的熟悉程度，就更有可能建立深度的品牌認知。

爆品是斷點式的單次生意的成功，品牌是持續式的事業累積的複利。當品類中沒有領導品牌時，爆款產品就有機會成為品牌。一旦出現爆品就要乘勝追擊，廣泛傳播產品熱銷，讓爆品的銷量成為品牌的信任狀，進而將產品銷量轉化成品牌聲量。關鍵時刻要乘勝追擊以擴大戰果，爭取獲得最大的勝利。

爆品是一種品類機會或流量機會的發現，是產品設計和極致性價比的一次領先。但競品會馬上模仿產品、劫持流量、抄襲模式，藍海往往迅速變成紅海。品牌是在消費者心智中形成與眾不同的心智認知或情感認同，並且長期累積，鞏固成為一種不假思索的選擇。

「貨找人」是精準分發，提高交易效率，「人找貨」才是品牌打造。科特勒諮詢集團中國區總裁曹虎認為，別人在種草時，你應該種一棵大樹。當你成為一個耳熟能詳的品牌，你種下的草才會被搜索、被發現。短期的行銷動作或許能在當下取得一定效果，但很容易被人模仿從而失效。讓消費者根據品牌來選擇，才是真正持久的流量。

打造品牌力要越過平衡線進行投放。做品牌要越過平衡線，一旦開始投放，就要持續地進行飽和攻擊，打透核心龍頭媒

> 獲利

體,打進消費者心智,這才是長遠發展之道。同時企業創始人要有戰略定力,不能養成短線思維。追逐流量的紅利,不如追逐品牌的複利。

流量轉瞬即逝,品牌長相廝守。流量紅利是一場煙花秀,轉瞬即逝。品牌不僅需要對流量的捕捉,更需要對心智的把握。只有將品牌真正植入消費者心智,不斷累積固化價值認知才能產生複利效應。當品牌成為消費者心智中的條件反射,就會帶來持續免費的流量。

抓住流量紅利可以短期成長,抓住品牌複利才能持續變強。新品牌的成長離不開巨大的紅利,抓住流量紅利你會成長。然而對大多數品牌來講,流量紅利都有視窗期,當競爭者增多,所謂紅利就會消失。你如果想在規模、實力上長期制勝,就必須在享受紅利的過程中,加速建立能夠產生複利的品牌認知。

要在享受紅利的過程中,加速建立品牌複利的引擎。新品牌在發展壯大的過程中都會遇上一段紅利期。然而紅利都有窗口期,當紅利期退去後,還能增長、累積價值的東西,才是品牌真正的力量。新品牌如果想長期制勝,必須搞清楚能抓住什麼樣的複利,否則很可能是個曇花一現的生意。

速生只會速朽，固化才有轉化。品牌與效果不是「既生瑜，何生亮」的對立關係，品牌本來就是為了創造更好的行銷效果而存在。當品牌力越來越強大，行銷效果會越來越好，形成正向迴圈。如果沒有「品」的價值固化，只會得到一次性的「效」，在品牌資產上什麼也沒有留下。

消費者對新事物的認知存在感興趣、嘗試、依賴、信任等多個層次遞進的階段。網紅品牌難以長紅的關鍵在於快速爆發的事物往往沒有經歷過時間沉澱，缺少讓消費者產生依賴和信任的機會。只有品牌真正打入消費者心智、固化心智，才能產生複利效應。

品牌是長期的複利，沒有「品」的「效」只是短暫的紅利。效果廣告的目的是獲取短期市場收益，但解決不了品牌建設問題，不應占用本應該打造長期品牌價值的資源。

沒有「品」的積累，只會得到一次性的「效」。品牌力靠的是長期的堅持經營與積累，在消費者大腦裡留下越來越熟悉、鮮明、清晰的印象。隨著品牌力越來越強大，行銷效果就會越來越好，形成正向迴圈。但如果選擇只顧「效」而把「品」擱一邊，就很難產生正向迴圈。

獲利

網紅品牌發展到其精準人群的邊界時，流量打法便成為限制其增長的短板。 流量打法需要高轉化率、高 ROI 支撐，越精準的人群標籤確實轉化率越高，然而越精準也意味著人群數量越少。當品牌試圖到更大的人群池中獲取增量時，ROI 就會變得非常難看。在品牌打造上，往往來得快的去得也快，來得慢的去得也慢。短期行銷策略傾向於利用快速反應和低價迎合來吸引消費者，難以形成品牌勢能的積累和心智認知的固化。長期品牌戰略不僅是持續投入資源用於品牌建設，更重要的是品牌所堅持傳遞訊息的一貫性、品牌核心價值輸出的連貫性。

有些成功之所以難以複製，是因為我們的理解產生了代表性偏差：傾向於根據代表性特徵（比如某次偶然的成功）高估事件的發生機率。 社交媒體行銷經常有這樣奇怪的現象：把 1% 的偶然刷屏案例當作標杆，卻沒法成功複製，苦心孤詣的研究和模仿最終都變成了沉沒成本。企業一直處於低水準的探索和重複，無法實現模式的升級和增長的質變。

當別人還在種草的時候，核心增長方式是種下品牌這棵大樹。 當社交種草成為行銷標配，其實大規模種草的紅利已經結束，轉化率越來越低。因為大家都在種草，一堆草種在一個草原上，如何才能被顧客發現？別人還在種草時，你應該

去種一棵大樹，把品牌聲量拉升到人們都能關注的程度，這時人們才會注意到這棵與眾不同的大樹以及樹下種的那些草。

先建立一個守得住的根據地，單點逐步推進，聚焦資源做透。新品牌之所以要找新通路，是要避開主戰場的正面競爭，開拓側翼戰陣地。在兵力達到優勢之前，在積蓄足夠的力量打主戰場之前，先建立一個守得住的根據地，選取重點核心市場。如果使用「撒胡椒麵」（主力過於分散）的方式，就是四處出兵，處處受敵。

必須乘勝追擊擴大戰果，停止追擊就會半途而廢。新品牌在取得開始階段的勝利後，一定要乘勝追擊，擴大戰果，因為真正的大戰果是在追擊時獲得的。很多企業在實現了最初的銷售目標，取得了初步領先之後就停止了行動，把資源轉移到其他事情上去，卻很少顧及對已取得的成果加以鞏固。

在短期交付的背後，品牌才是最終交付的目標。「品效合一」是個偽命題，「品」和「效」都是為了銷售效果，只是一個是長期效果，一個是短期效果。「品效合一」體現了魚與熊掌兼得的野心，背後是對短期效果的焦慮。企業追求的短期效果，要符合長期目標，不能以犧牲長期目標為代價。

獲利

短期行銷策略可帶來直接的銷售反應，持續不斷的品牌建設是長期增長的驅動力。 企業並不是要在短期行銷策略和長期品牌建設之間二選一，而是需要有效地將長期品牌建設與短期行銷活動相結合，從而在消費者與品牌之間持續建立聯繫，兩者之間的協同作用是關鍵。

23 品牌的本質是心智認知

所謂品牌，其實是一種心理現象。 品牌就是告訴消費者你是誰、為什麼要買你，通過各種行銷手段管理你在消費者心目中的形象、認知、聯想等，占領用戶心智。

商業競爭的終極戰場不在物理市場，而在心智空間。《孫子兵法》講「知戰之地、知戰之日，則可千里而會戰」，企業要明確在哪裡開戰、選擇什麼時機開戰。產品、通路、媒介這三大會戰的決戰在於品牌認知之戰，最終的作用點都是消費者心智。

品牌戰略的本質是認知管理。 品牌戰略的價值就是把內部優勢（規模、技術等）轉化為外部價值（消費者認知）。如果企業內部的規模、技術優勢不能夠轉化為外部的消費者感知價值，任何「大」規模、「好」技術都只是企業的「自嗨」。規模第一、技術第一的優勢，比不上消費者認知第一的價值。

快速搶占認知第一，品牌故事才更動聽。只要認知中存在空位就要搶先占據，占據了第一，你的品牌故事才動聽。否則，你很難僅僅通過動聽的品牌故事成為第一。如果你占據了顧客認知中的第一，就有足夠的時間去完善產品，有更多的機會去講產品的故事。

企業經營的成果是品牌認知，有認知才有選擇。企業經營的最大成本來自顧客的認知成本，很多企業搞不明白企業視角和顧客視角。從企業視角看，每個產品都是企業的生命，都希望把產品的全部優點告訴顧客，但對顧客來說，你的存在可有可無，競爭對手的某項優勢反而受顧客青睞。

更好的產品不一定取勝，更好的認知才是制勝法寶。商戰是在顧客心智中進行的，如何探測和偵察顧客的心智地圖？企業應該做的是分析競爭對手在顧客心智中占據了什麼位置，找出是哪家公司占據了顧客心智的制高點。

產品是基礎，認知才是事實。許多人認為市場競爭是一場產品之爭，認為從長遠來看，最好的產品終將勝出。然而在市場行銷領域並不存在客觀現實性，存在的只是顧客或潛在顧客心智中的認知。

顧客只能看見他能看見和他想看見的東西。有個著名的心理學實驗——「看不見的大猩猩」，參加實驗者要觀看一段球賽視頻並記錄傳球次數。有一個人扮成大猩猩從球場中間走過，結果大部分測試者在實驗結束後都表示沒有看見大猩猩。這種選擇性注意說明人們的認知存在盲區，受限於已有的認知基礎和思維模式。要利用顧客心智中已有的常識，借力打力，順應顧客認知。

商戰中改變戰局就靠出奇制勝，找到用戶心智的登陸口。許多市場行銷人員把成功看作大量細微努力的結果，其實在資訊爆炸的世界中，消費者很難感知到這些努力。在市場行銷中起作用的只有獨特的、大膽的一擊。尤其是非領導品牌，你的行業龍頭往往只有一個容易被攻破的薄弱環節，這是你全力攻擊的焦點。

品牌建設的終極目的是構建一個矩形，使得品牌在消費者的心智中既廣又深。做品牌建設是為了構建品牌的深度和廣度。深度可以看作縱軸，從最淺顯的識別和記憶到承諾和背書，再到情感價值、象徵價值。而廣度可以看作橫軸，任何品牌都應該關注如何更全面地去覆蓋自己的品類用戶。

贏得競爭的本質是贏得認知優勢。認知優勢的稀缺在於顧客

心智容量有限。心理學家喬治・米勒的「7 定律」說明，普通顧客只會為一個品類記憶最多 7 個品牌。心智容量有限意味著顧客會快速遺忘不重要的訊息，只有不斷重複的或令人印象深刻的差異化訊息，才會被心智判斷為重要的。

認知對行為的影響大於事實的影響，要把錢花到消費者能夠感知的地方。消費者的認知大於事實，即認知對行為的影響大於事實對行為的影響。消費者需要的是一個合乎認知的邏輯，而不是一個理性分析的完美邏輯。不要去挑戰認知，不要過多地教育消費者。定位的本質就在於把消費者的固有認知當成現實來接受，然後重構這些認知，並在消費者心智中建立品牌想要占據的位置。

誰給目標客群最強的刺激信號，誰就能贏得目標客群的強行為反射。心理學家帕夫洛夫的刺激反射原理指出，人們的一切行為都是刺激反射行為，消費者的心智是不可測量的，只能根據統計刺激信號和行為反射的對應關係來進行行為預測。

需求的原點從未變化，變化的只是滿足需求的方式。生意機會歸根結底是品類背後的心智共識機會，心智共識並非無中生有的創造，而是群體基於熟悉事物建立的天然認知。企業

獲得增長的前提就是認知疊加，只有管理消費者的認知，才有可能讓增長發生。將同樣的產品賣出不同來，是認知疊加的成功。

從賣貨到賣品牌，沒有大躍進式的捷徑，要做好 5 個聯動。定位聯動，一句話說出消費者選擇你而不選擇別人的理由；時間聯動，做長期可累積的事情；火力聯動，在關鍵節點集中火力引爆；認同聯動，破圈成為公眾品牌；鋪貨地推聯動，把品牌力轉化成購買力。

品牌想在消費者心智中實現固化，就要加熱到消費者的記憶沸點。「沸水效應」是指如果水沒燒到 100℃，只燒到 95℃就是浪費，熱度很快就沒了；如果燒到 100℃水開了，之後只要用小火維持就能一直保持沸騰。用戶對品牌的認知也是同樣道理，沒有到達從量變到質變的拐點就停掉，半途而廢才是最大的浪費。

新品牌想要實現認知疊加，需要切換到品牌和流量雙重驅動的路徑。新品牌成功晉級需要邁過三道坎兒：第一，從流量到心智，建立品牌護城河；第二，從小眾到主流，破圈成為公眾品牌；第三，從單平臺到多通路，成為全通路品牌。

消費者只能被影響，難以被說服，影響會趨同，說服會抵抗。產品要做的就是影響用戶潛意識下的選擇。一旦試圖說服用戶，讓用戶思考，就會抬高門檻，降低轉化率。廣告成功的秘訣就在於誘導了人們的潛意識，避開了大腦的理性審查，因而能夠影響用戶的購買行為。

24 品牌增長需要心智和通路雙重滲透

品牌的競爭和增長主要取決於能否構建兩類獨特的行銷資產：心理關聯和通路便利。市場占有率更高的品牌，往往是那些被消費者習慣性地聯想起且更容易購買到的品牌。習慣能夠幫助消費品築起競爭壁壘，確保溢價能力，在購買行為當中占得先機。

品牌增長要通過心智和通路的雙重滲透，讓顧客隨時都能想得起、買得到。品牌增長是由滲透率所驅動的，通過品牌廣告的大滲透，使差異化價值深入人心，從而影響消費者的購買選擇，並通過通路的大滲透讓消費者更便利地買到。

市場行銷中有一個 3A 策略，即買得到（available）、買得起（affordable）、樂得買（acceptable）。該策略後來升級為 3P 戰略，即物有所值（price to value）、無處不在（pervasiveness）、心中首選（preference）。行銷策略的轉變反映了從產品導向到品牌導向的轉變。消費品的本質是線

上線下深度分銷和搶占心智。如果一個消費品牌每年不能成長 3 倍就會被社會拋棄，而且這 3 倍的成長不是靠流量，而是靠品牌力和通路滲透率的提升。

10 個市場 1% 的滲透率不如一個市場 10% 的滲透率，一個市場 10% 的消費者會引爆剩餘的 90%。「現代行銷學之父」菲利普・科特勒強調企業要進行市場細分和市場選擇，然後通過旗幟鮮明的品牌定位占據細分市場中的顧客心智。要聚焦在一個關鍵細分市場，高密度覆蓋消費者，當市場滲透率達到臨界點時，整個市場就會自動引爆，實現指數級增長。

擁有市場，比擁有工廠更為重要。美國廣告研究專家萊利・萊特認為：擁有市場將會比擁有工廠更為重要，而擁有市場的唯一辦法就是擁有占據市場主導地位的品牌。當出現市場機遇時，企業的第一要務應是以快速的行動奪取具有壓倒性優勢的市場占有率，從而建立主導地位，成為品類的代名詞。

先入為主並不是搶先進入市場，而是第一個進入顧客心智。德國行為學家海因洛特在實驗中發現一個有趣的現象：剛孵化出的小鵝會本能地跟隨著它第一眼看到的移動物體，而且一旦這隻小鵝形成了對某個物體的跟隨反應，就無法再形成

對其他物體的跟隨。品牌打造中也存在著這種先入為主的「印刻效應」，承認第一，無視第二。

聲量往往決定銷量。有些品牌通過產品創新和通路建設獲得了領先的市場占有率，但當它們被討論的聲音越來越少時，往往面臨著衰敗的危險。因為市場中一旦出現聲量更強勢的品牌，產品和通路的護城河就會被一點點蠶食，到最後消失在大眾的視野。

在經濟低迷時期提升品牌聲量更易見效。在經濟繁榮期，企業紛紛開展傳播的軍備競賽，較難形成有針對性的品牌認知，提高聲音占有率和市場占有率的效率相對較低。而在經濟低迷期，競爭性會減弱，顧客更容易記住有限的廣告訊息，此時維持甚至追加傳播的企業更容易提高聲音占有率和市場占有率。經濟低迷時，龍頭品牌敢於發聲，會更快提升品牌集中度。

沒有超越對手的媒體聲量，就沒有超越對手的市場占有率。有些企業在市場的動盪期只想著存糧過冬，但龍頭企業反而加大品牌投入。因為消費者更加謹慎，會把錢花在更穩妥、更具確定性、信賴感更強的品牌上。同時市場上的雜訊更低，競爭性減弱。品牌敢於超額投放，會贏得更大的市場

聲量，搶占更大的市場占有率，更快提升品牌集中度。競爭環境導致行業加速分化，品牌集中度將會大幅上升。IPA Databank 在一項關於品牌行銷有效性的研究中發現：在經濟下滑時，削減品牌行銷預算可能有助於保護短期利潤，但在經濟復甦後品牌會變得更弱，利潤更低。削減行銷預算意味著切斷與目標消費者的寶貴聯繫。而聰明的企業在品牌行銷上投入了更多的資金，贏得了更大的發言權，從而有能力實現長期盈利。

品牌投放的本質是經營思維。投放是為品牌增長服務，而不是為交易環節服務。很多品牌在進行投放的時候，只思考了流量與投放的關係，認為投放是為了完成銷售收入的指標。但真正有效的投放應該是為品牌的增長服務，即幫助品牌實現品牌資產與銷售收入的雙重增長。

把最關鍵的資源集中到最關鍵的人群。在碎片化時代，打透核心人群的關鍵就是要集中火力。沒有一家企業有足夠的資源在所有方面壓倒對手，當傳播資源非常有限的時候，更需要拋開雨露均沾式的投放，把有限的資源集中在一個目標受眾最聚焦的核心媒體上，才能實現效果最大化和風險最小化。

聚焦用戶行為改變，減少無效投放。媒體傳播要聚焦消費者行為的改變，找到合適的消費場景後再進行高頻觸及，建立新認知、新行為。品牌增長主要靠新品打造和新場景觸發，絕大多數品牌僅靠維持鞏固記憶曲線難以守住陣地，要從「面面俱到、維持記憶」升級到「集中火力、改變行為」的品牌行銷新思維。

廣告投放是系統作戰，投廣告並不等於成交。廣告投放不是簡單的獨立事件，而是一次系統作戰。投廣告之前要有強大的產品力做基礎，同時加強社交種草和搜索優化，沉澱大量的線上內容。當廣告投下去，在大眾圈層建立品牌認知之後，產品評價、使用者口碑、輿論風向這些基礎建設都會影響最終的銷售轉化率。

當期沒有轉化的廣告投放，其實並不等於浪費。品牌廣告投放的核心目的並非即刻產生銷售，而是為了建立品牌認知，這需要長期地、持續地向使用者傳遞同樣的價值訊息。而品牌認知的建立，帶來的將是用戶的自發性購買。

使用者不會去看第二遍的內容，就是一瞬的焰火。品牌每一次在消費者眼前出現，都是在加強消費者對品牌的認知程度與鮮明度。如果在推廣宣傳中只追求每一次的「效」，而忽

略「品」的刻意積累，那麼你花出去的每一分錢都是一次性的。

鞏固成功的原則是乘勝追擊，爭取獲得最大的勝利。很多企業在實現了最初的銷售目標，取得了初步領先之後就停止了行動，把資源轉移到其他事情上去，卻很少對已取得的成果加以鞏固，這樣不利於品牌的長期建設。

減少無效的虛榮投放，做有效的品牌心智沉澱。當企業只追求流量投放的銷售轉化時，應該知道這些數字並不能準確反映出受眾是否對你的品牌感興趣，屬於虛榮指標。如果放棄品牌邏輯，最終只能成為平臺的依附，一投就有流量，不投就沒流量。只有有效的品牌心智沉澱才能帶來自然流量，而不是「不投不銷，一停就跌」。

預算有限的時候，就不要遍地撒網。有的公司預算有限，卻喜歡分散式的打法，每個地方都打上幾拳。它們並非在打一場大殲滅戰，而是四處點起叢林戰的硝煙，無意義地消耗著兵力，等到真正的大機會出現時，卻無法集中優勢兵力擊破門檻值、獲取勝利。使用「撒胡椒麵」的方式，就是四處出兵、處處受敵。有限預算更需要集中引爆，聚焦核心媒體、核心區域，穿透核心人群的心智，受力點越小壓強越大。

再好的差異化認知,缺乏重複也只能是曇花一現。如何突破消費者認知門檻值?唯有重複。將品牌差異化的特性不斷重複,才有機會進入顧客心智,並且持之以恆地重複傳播,也避免了新一代顧客感覺陌生。

沒有足夠的火力,好廣告的威力將大打折扣。市場行銷是一場爭奪顧客認知的戰爭,需要足夠的火力才能打入顧客心智,否則可能會失去占據市場領先地位的契機。用足夠的火力打入顧客心智,固化心智,其實是占據領先地位成本最低的方式。廣告是占據顧客心智的炮彈,媒體火力是決勝的核心要素。

第五章

心智即陣地

25 占據有限心智，對抗無限貨架

不要從企業內部看市場，不要在貨架端進行競爭。新競爭時代，企業必須放棄傳統的競爭思維，也就是內部思維、產品思維。要把競爭放在產品之外、心智之內。重要的不是貨架上有誰，而是消費者心智中記住了誰。

少就是多，用占據有限心智對抗無限擴展的電商貨架。隨著電商的全域化，容量無限的數位化貨架容納的產品越來越多，但是消費者心智的貨架卻不是容量無限的，而是非常有限。所以在消費者心智中上架決定了你能占據多大的贏面，而這需要持續的心智浸泡。

只有占據了心智戰場，物理戰場才能有效轉移。當戰局失利時，就得轉移戰場。轉移戰場有四種方式：轉移目標群體、轉移產品、轉移焦點和轉移通路。這四種方式也可以體現為通路差異化、產品差異化、人群差異化、價格差異化。

私域的核心不僅是把用戶「圈起來」，更在於打通用戶的心智，讓其成為永久免費的私域。私域 1.0 的「硬連接」時代已經過去了，私域 2.0 時代的核心詞是心智、場景、復購的「三合一」。而這「三合一」的交匯，是心智運營和場景觸發引起的增量復購。

心智是商戰的戰場，突破心智是商戰關鍵。大多數企業的廣告投入規模不斷增加，其有效性卻在相應降低。如今顧客都躲在心智的堡壘當中，想要在過度傳播的社會環境中擊中目標變得越來越難。

搶先進入顧客心智勝於搶先進入市場。例如，喜之郎並非國內第一個果凍品牌，此前已有其他品牌率先進入市場，但顧客心智中並沒有一個公認的果凍品牌。喜之郎通過大規模廣告搶占了消費者心智，先入為主，收穫了超過一半的市場占有率。

先勝於心（心智），再勝於形（貨架）。貨架的競爭本質上是心智之爭，在心智的陣地如果沒有提前宣戰，貨架的競爭就只能成為價格之爭、低價競爭。重要的不是貨架上有誰，而是消費者的心智中記住了誰。

率先進入消費者心智的品牌，通常會獲得更大的權重。諾貝爾經濟學獎得主丹尼爾・康納曼提出「錨點效應」：對於率先獲得的訊息，消費者印象更加深刻，決策時會自然地依賴最初的訊息。這也證明了在消費者心智中占據一個詞之後是不容易被模仿的，即便被模仿，心智給予的權重和等級也是不一樣的。消費者心智接受任何詞彙都是具備排他性的，不同品牌難以在其中占據同一個詞。

心智占有率決定市場占有率。顧客在做購買決策時總會對各品牌進行排序，對於每一個品類，顧客的心智中都會形成一個有選購順序的階梯，每個品牌占有一層階梯。只有顧客的心智階梯中有企業的一席之地，企業才能生存。

使公司強大的不是規模，而是品牌在用戶心智中的地位。成功的企業，要麼擁有不可逆的智慧財產權，要麼擁有不可逆的心智產權。一旦確立了心智產權，加上技術化、數位化的工具，企業就能夠長期發展下去。

心智空窗一旦被占據，將很難改寫。當消費者心智中的某類訊息超載，就很難記住其他同類訊息。消費者的心智一旦飽和，想再打進去就無比困難，「機不可失，時不再來」的關鍵就在於搶在品類創新的空窗期，在目標人群的心智中真正

獲利

建立起品牌認知。

有品類卻無品牌時最大的機會是占據心智空位，讓品牌等於品類。抓住時間視窗占據心智空位對於大家來說都是一樣的，對手一定和我們一樣想贏。如果在這個時期放棄搶先代言品類的機會，而去和所謂的競爭對手較真，本質上就犯了一個大的錯誤——錯過戰勢。不要瞄準對手，要瞄準顧客，迅速建立認知優勢的機會窗口。

打造品牌，要以不變應萬變。在外部環境不確定的當下，品牌打造要有確定的邏輯，萬變不離其宗，這個「宗」就是消費者心智。無論遇到「黑天鵝」還是「灰犀牛」，要把握住其中不變的規律，通過對消費者心智的把握，為品牌資產持續投入。快速變化的只是商業現象，始終不變的是認知規律。

品牌引爆應飽和攻擊而非漸進，力爭先入為主搶占用戶心智。里斯與特魯特合著的《商戰》指出，如果你希望給別人留下深刻印象，那就不能花費時間逐漸地影響別人以博得好感，認知並不是那樣形成的，必須如暴風驟雨一般迅速進入人們的頭腦。

消費者的認知中有什麼，比貨架上有什麼更重要。競爭看心智：市場上有什麼不重要，認知中有什麼才重要。貨架上的競爭無論何時去看都是紅海，從消費者認知的角度來看就會發現藍海。商機，其實存在于消費者的主觀認知之中。因為只有用戶的認知是空白的，才有機會去搶占一個位置。

競爭不在貨架、不在對手，而在搶占消費者的認知空位。任何一個品類市場一旦進入寡頭競爭階段，就意味著進入成本已經很高了。不只是供應鏈端的生產成本，更多的是市場端消費者的認知教育成本。因為認知一旦建立，就很難改變。

在顧客心智中沒有位置的品牌，終將從現實中消失。行銷的競爭是一場關於心智的競爭，行銷競爭的終極戰場不是工廠也不是市場，而是顧客心智。任何在顧客心智中沒有位置的品牌，終將從現實中消失，而品牌的消失則直接意味著品牌背後的組織消失。

誰能獲取顧客心智，誰就能擺脫通路商的控制。現在，僅把貨品鋪上通路已經遠遠不能確保企業在激烈的競爭中勝出了。新時代的贏家在於能在顧客心智中贏得一席之地，因為競爭的重心已由市場轉移至顧客心智，經濟權力也就由通路轉移至顧客。

26 心智占有率決定市場占有率

規模固化和資本固化,歸根結底都依賴于心智固化。新經濟戰爭往往會經歷三個階段:(1)規模固化,在有限的時間內占據最多的市場空間;(2)資本固化,在有限的時間裡爭取最多的資本站隊;(3)心智固化,在有限的時間裡占據消費者的心智。

品牌的心智地位決定市場地位,品牌的心智占有率(share of mind)決定市場占有率(share of market)。巴菲特多次強調,心智占有率比市場占有率更重要。偉大的企業必有護城河,護城河是企業能夠常年保持競爭優勢的結構性特性,是其競爭對手難以複製的品質。優質產品、高市場占有率、有效執行、卓越管理,這些都是常見的假護城河。占據用戶心智才是企業真正的護城河。

市場占有率是心智占有率的外顯。市場占有率從哪裡來這一問題的本質就是顧客從哪裡來。當然是從競爭對手那裡來最

高效。然而太多公司在行銷時都無視競爭對手的地位。這裡的地位，指的是競爭對手品牌在消費者心智中所占據的那個位置。心智地位決定市場地位，心智占有率決定市場占有率。

品牌的增長可以歸結於兩點：心智的顯著性和購買的便利性。心智的顯著性是指品牌在人們腦海中被主動回想起來的能力，可以稱為心智占有率。購買的便利性意味著品牌與產品在通路裡的「可見度」。在同一家超市，品牌的貨架越大越明顯，消費者也會越容易買到。

用一個名字占據顧客心智中的定位，這一過程可以形象地稱為品牌在顧客心智中註冊。在如今過度傳播的環境中，憑藉有傳播勝無傳播、強媒介勝弱媒介起作用的品牌形象廣告越來越難奏效，有定位勝無定位在廣告傳播過程中變得愈加重要。

品牌最大的成功是讓顧客感覺良好地做出簡單快速的選擇。品牌從三個維度提高了商品的交易效率：一是心智預售，消費者在購買之前就已經計畫好了要買什麼品牌的產品；二是提高流通效率，品牌知名度往往與流通效率成正比；第三，品牌極大地降低了消費者的決策成本，不需要再花時間查找

訊息或諮詢別人的意見。

品牌左右顧客的選擇，其表現就是心智預售。顧客層面存在著兩種貨架，一種是市場上的貨架，一種是心智中的貨架。心智預售就是在顧客大腦裡完成的銷售。顧客在看到產品之前，大腦裡已經做出了選擇，這種指名購買就是心智預售的結果。

品牌的真正作用是在心智貨架完成預售。企業常常花費數年時間，確定出數條具有說服力的理由，來證明自己的產品更優質，比貨架上其他幾個產品更好，並且假設消費者會仔細考慮購物車中的全部數十件商品。然而在資訊爆炸的時代，企業的任務是讓消費者「不費腦子」地選擇你的品牌。

搶先拿到消費者心智通行證的品牌，能夠在心智貨架上完成預售。產品要想在市場上取得成功，需要兩個經銷商：一是通路的經銷商，幫助企業將產品鋪到消費者的眼前、手邊；一是心智的經銷商，幫助企業將產品鋪進消費者的心裡。

真正有競爭力的品牌，能夠在用戶心智中實現預售。一流企業銷售品牌，二流企業銷售產品，三流企業銷售勞動。品牌對於絕大多數發展中的企業而言，是最關鍵的核心要素。聰

明的企業會運用品牌抓住消費者的心,贏得消費者的選擇。

顧客通過指名購買降低各種交易費用,交易費用的降低最終轉化為超額利潤。品牌的意義就是進入顧客心智,從而被顧客優先選擇。能否在顧客心智中完成預售,是判斷企業是否創造了核心經營成果的重要依據。

忽視品牌,就會被市場忽視。企業最重要的職責是將使用者視角融入影響任何用戶的接觸點。一切和用戶發生交互的接觸點,都是打造品牌、實現心智預售的機會。要洞察和有效利用能夠接觸用戶的場景,讓每一次觸及都變成品牌價值的傳遞。

品牌與廣告的作用是實現心智預售,通路與流量的作用是實現成交。轉化是分階段的,品牌廣告通過媒介觸及潛在顧客,潛在顧客多數情況下不能立即轉化為成交顧客,但只要將品牌定位植入顧客心智,實現心智預售,顧客就成了意向性顧客。

心智預售是品牌資產積累的第一步。企業存在的唯一目的就是創造顧客。通過打造品牌實現心智預售,通過心智預售完成顧客創造,被創造的顧客通過指名購買降低各種交易費

用，交易費用的降低最終轉化成超額利潤。

通過打造品牌實現心智預售，交易費用的降低最終會變成超額利潤。有經濟學家研究指出，交易費用構成了現代經濟的大部分成本。在交易費用中，訊息費用占了大半，而在訊息費用中，顧客的訊息費用又占了大半。從經濟學的角度看，品牌存在的意義就是降低顧客的訊息費用，從而節省整個交易的費用。

沒有實現心智預售，品牌就只是個商標。沒有實現心智預售的品牌，不得不繳納昂貴的進場費，和大量競爭者爭奪貨架資源，注定利潤微薄。實現了心智預售的品牌因為眾多顧客的指名購買，通路商不惜倒貼也要讓其進場。一個在顧客心智中沒有位置的品牌，就只是一個商標。

行銷的目標是讓推銷變得多餘。行銷的本質是吸引顧客和保留顧客，最終目的是讓推銷變得多餘。「營」是營造，營造消費者的心智，塑造消費者對品牌的認知，實現在消費者心智中的預售。「營」做到位了，「銷」就變得簡單，消費者會主動來找你。

品牌沒有指名購買，就只有工廠利潤，沒有品牌的超額利

潤。與指名購買相反，那些沒有完成心智預售的品牌，購買行為就表現為銷售現場的隨機購買。產品進入的終端越多，貨架位置越好，賣出的機率越大。然而這些銷量是由通路和貨架創造的，所以利潤主要被通路享有。

獲利

27 讓用戶形成更暢通的記憶連接

大腦傾向於根據更快、更容易被回想起來的訊息來快速做出判斷。諾貝爾經濟學獎得主丹尼爾・康納曼提出大腦有兩套思考體系，對於靠「快思系統」決策的品類，品牌廣告的溝通效果通常更好。對於靠「慢想系統」決策的品類，除了廣告還需要銷售人員介入才能有效成交。但即使需要銷售人員介入，品牌仍然能夠大幅降低獲客成本及銷售難度。

短期記憶轉化為長期記憶的核心是持續高頻觸及。記憶是大腦記錄、存儲、檢索資訊和事件的能力，在消費者的購買決策中發揮著重要作用。記憶分為兩種類型：短期記憶（一種暫時且有限的資訊庫）和長期記憶（一種更持久的、幾乎無限的資訊庫）。

成功的品牌演算法是讓使用者形成更暢通的記憶連接，從而毫不費力地選擇你的品牌。行銷專家瓦爾維斯在《品牌頭腦》中指出，大腦存在一種品牌演算法，這種演算法有三

個標準：（1）相關性，與用戶需求越相關，被選擇的機率越大；（2）一致性，長期向用戶反覆傳遞一致的資訊，大腦更容易檢索到品牌；（3）參與性，當品牌創造更多互動，大腦會形成新的細胞連接以回應互動環境，提高品牌的可記憶度。

算準人性和心智規律才是品牌的核心演算法。只有真正瞭解人類在過去 600 萬年內形成的人性，才能預測未來 6 個月會發生什麼。想要做大生意，永遠要順著人性，流量、演算法都是手段，無法代替對人性的洞察。

消費者對品牌越熟悉，就越有可能發生消費。心理學中的曝光效應表明，人們越頻繁地接觸某物，越認為它是積極的。品牌也是一樣，消費者若決定購買某款產品，大部分時候是建立在對這款產品比較熟悉的基礎上。

知名度產生熟悉感，熟悉感影響偏好度。你如果留意過自己做購買決策的過程，會發現絕大多數時候，你最終都會選擇心目中處於中心位的那個品牌，主觀上更傾向於那個品牌。某個品牌越容易被我們回想起，我們就越會覺得這個牌子比較好、比較重要。

習慣是不假思索地重複。要對抗訊息粉塵化與使用者健忘症，品牌只有兩條路：第一條路是重複，第二條路是大聲重複。要使人們相信一個概念或事物的方法就是不斷重複。品牌的最終目的是跳過消費者的大腦，讓人們不假思索地做出習慣動作。

短期記憶變成長期記憶的核心要素是反復高頻觸及。德國心理學家艾賓浩斯研究發現，遺忘在學習之後立即開始，而且遺忘的進程並不均勻。最初遺忘速度很快，隨著時間的推移，遺忘速度減慢，遺忘的數量也在減少。短時的記憶很容易被迅速遺忘，經過及時複習和不斷重複，更容易在大腦中形成長時的記憶。

積累認知要確保「最小訊息單元」，即關鍵的一個詞、一句話，在高頻低干擾的環境下反復觸及，持續疊加，才能把短期即時記憶轉化為長期記憶。種草種不出品牌認知，因為無法確保每次傳遞的訊息都是一致的，消費者不僅無法有效記憶，還會對品牌價值產生疑問。

品牌傳播要橫向統一、縱向堅持，讓所有資源、所有動作都往同一個方向努力，讓每一個傳播動作都成為品牌資產的積累。從心理學的角度來看，記憶有四個基本的過程：識記、

保持、再認和再現。因此對品牌傳播來說，無論是外在的形式還是內在的內容，都必須橫向統一、縱向堅持。

用正確的策略傳達正確的品牌價值，這樣的重複行為才有意義。首先，人們往往更願意相信自己熟悉的人和事，而重複會帶來熟悉度與安全感，增加可信度。其次，當一個訊息不斷重複，人們會產生訊息源記憶錯誤，誤以為這是聽多方所說得知，在從眾心理的影響下，更會認為這是可信的。

做品牌要懂得心理暗示，而且要搶先進行心理暗示。暗示是一種最簡單、最典型的條件反射，由於主觀上已經肯定了其存在，心理上便竭力趨向於此。你先說了，這個心理暗示所產生的效果就是屬於你的，第二家再這樣說的效率就遞減。廣告就是一種心理暗示，累積起效後就成了行動指令。

品牌要不斷強化，成為人們潛意識的選擇。人的動作有70%是潛意識的選擇，所以真正的品牌不是靠消費者理性分析選擇出來的，而是不假思索的條件反射。

人腦最愛走捷徑，品牌是大腦快思維的選擇。做選擇消耗了人們大量的時間，幸運的是，大腦進化出了許多認知捷徑來幫助我們快速決策。在這一過程中，品牌與大腦的決策系統

進化是完全一致的,品牌最大的成功是盡可能地讓消費者「少動腦」,讓他們感覺良好地做出快速、簡單的選擇。

要使人們相信一個概念或一個事物的方法就是不斷重複。 丹尼爾·康納曼認為,重複性會引發認知放鬆的舒服感和熟悉感,人們很難分辨熟悉感和真相之間有什麼區別。熟悉的事情更容易被相信,因為不需要調動大腦的「慢想系統」,從而進入一種認知放鬆的狀態,做出舒服而簡單的判斷。

相信重複的力量,成為用戶的潛意識。「重複」會改變我們的觀點,潛意識對我們的影響無處不在,品牌可以做到的就是找到一個具有競爭性的切入點,通過不斷重複成為用戶潛意識下的選擇。

種草種不出品牌認知,別人種草,你要種樹。 有些企業認為借助種草、短視頻等可以建立品牌認知,卻不明白自己想讓消費者記住的到底是什麼,無法確保每次傳遞的訊息都是一致的。消費者不僅無法有效記憶,還會對品牌價值產生疑問。唯有在高頻、低干擾的環境持續觸及,才能把短期記憶轉化為長期記憶。

當你停止向大眾持續傳遞認知,被遺忘的速度比想像的快得

多。流量投放動輒數億次曝光、千萬次閱讀，企業自以為火遍全網，然而消費者的認知遠沒有企業自認為的那麼樂觀。消費者是善忘的，大腦習慣於過濾無用資訊，記住有價值的資訊，這也是很多家喻戶曉的品牌還在長期打廣告、做行銷的原因。

有效的廣告能夠刷新並建立記憶結構，使得品牌更容易被注意到和聯想到。廣告起作用的主要方式是刷新和構築記憶結構，一些與品牌相關的記憶結構，包括品牌功能、品牌形象、品牌購買通路、品牌使用場景等。這些記憶結構能夠提升一個品牌被回憶起來的機率，或者在購買場景中被注意到的機率，進而提升品牌被購買的機會。

廣告起作用的主要方式是刷新和構築記憶結構。促銷往往更有利于經常購買的重度顧客，其銷售效果無法得到長時間延續，不斷打折促銷反而會拉低品牌價值，容易陷入價格旋渦。廣告是為了觸及並影響所有類型的顧客，建立或刷新顧客對該品牌的記憶結構，讓顧客在未來的購買場景中更容易聯想到自己的品牌，從而產生購買傾向。

廣告有效的秘訣在於建立品牌在顧客潛意識中的內隱記憶。記憶可以分為外顯記憶和內隱記憶，內隱記憶的存在證明了

記憶是如何影響我們的行為的,例如當人們多次聽到同一句話的時候,即便他們記不起來,但比起那些以前沒聽過這句話的人,也會更傾向於認為這句話是對的。

28 影響顧客需要先說服情緒再說服理性

非理性是人類的本能，是主宰人類行為和決策的隱形力量。 行為經濟學家丹‧艾瑞利在《誰說人是理性的！》中提到，人們對待事物的感覺，往往是影響其採取行動的重要因素。無意識的衝動比有意識的決定形成得更早，想讓消費者做出購買行為，不僅要傳達利益訴求，還要想辦法「塑造感覺」「挑起情緒」「下達行動指令」。

人們迅速做出決策，往往依靠感覺而非理性。 消費者的反應並不完全是知性、理性的，許多反應是感性的，能夠喚起不同種類的感受。例如一個品牌或產品可能會讓消費者感到自豪、興奮，一個廣告可能會讓人產生愉悅或驚奇的感覺。情感是自發產生的心理狀態，而不是來自有意識的努力。

大腦傾向於根據容易想到的、印象更鮮明的訊息來快速做出判斷。 「判斷」是使用人類大腦作為工具的一種測量方式。同所有測量工具一樣，人類的大腦並不完美，同時存在偏差

和雜訊。判斷不等同於思考。

從眾性的「展示效應」會產生巨大的連鎖反應。心理學實驗表明，當有一個路人抬頭看天的時候，有 20% 的路人會跟著抬頭看天；而一旦有 5 個人抬頭看天，就會有超過 80% 的人也停下腳步，跟著看向天空，即使天上什麼也沒有。

對抗資訊雜訊的核心是中心化引爆，降低消費者的決策成本和訊息費用。諾貝爾經濟學獎得主赫伯特・西蒙在《管理行為》中提出「有限理性」概念，認為人們在主觀上追求理性，但只能在有限的程度上做到這一點。因為人們加工資訊的能力是有限的，同時資訊本身伴隨著雜訊，訊息量越大並不意味著品質越高。

用戶往往無法準確說出體驗，只能展現情緒。想深入認識使用者，先要讀懂他們的情緒，對理性的調用需要時間和思考，驅動決策行為的可能只是一瞬間的情緒。而這種決策機制的本質就是人性的趨利避害：喜歡熟悉，討厭陌生；喜歡簡單，討厭複雜；喜歡即時享受，討厭延遲滿足。

品牌是顧客對某個產品、某種服務或某家公司的直覺。人們很容易受到詞語「魔咒」的影響，很多品牌通過對一句廣告

語的飽和投放，引導了顧客的直覺，強化了心理暗示。品牌的一句廣告語或一種概念一旦形成，其引力會不斷作用於顧客的感官，影響顧客感知，形成心理定式。

品牌收穫的信任，就是企業的生命力所在。如果企業在產品、通路的勝利不能轉化成消費者心智的認知優勢，往往等於白費勁。消費者的認知也是一種勢，所謂「人心所向」，指的就是認不認這個勢。市場競爭中處於敗勢的公司其實就是在心智認知上不占優勢。率先搶占顧客心智，才能從優勢到勝勢。

想要影響消費者的決策，最好從情緒進入，再說服理性。驅使人們做出選擇的往往是直覺反應而非理性判斷，消費者看似理性的背後，往往埋伏著許多非理性的「喜愛」。人們理性的購買決策其實都是為自己的「心頭好」找一個合理的理由。大腦傾向於根據容易想到的、印象更鮮明的資訊快速決策。

企業真正的任務是讓消費者毫不費力地選擇你的品牌。認知流暢性會影響人們對事物的判斷或評價，高流暢性帶來趨於正面的判斷，低流暢性帶來趨於負面的判斷。因為大腦偏好「簡單易懂、圖像化」的訊息，並且會主動避免複雜、困難

的資訊。

品牌知名度、認知度越高，直播帶貨和流量廣告的效果越好。 對於一個沒怎麼聽說過的品牌，僅僅指望直播講兩句、流量廣告看兩眼就完成購買是非常困難的，因為它沒有跟消費者建立信任。如果品牌沒有一定的知名度，消費者的信任就很難建立，信任源於認知度和熟悉感。

構建品牌，本質是構建信任。 做品牌，其實就是做人。一個人能不能收穫他人的信任，就是一個人的基本素養所在。企業要把品牌建設在顧客認知的制高點上，讓顧客不是因為流量買你，而是因為信任和認同。

品牌知名度、認知度、信任度決定轉化率和成交率。 同樣線上上獲客，知名品牌會比不知名品牌的點擊率高出許多倍，成交率也會高出許多倍，因為品牌的信任度不同。

商業的本質是交易信任，品牌的本質是認知信任。 為什麼有些品牌一直都只是貨，而不能真正成為品牌？原因就在於沒有累積核心的品牌資產。品牌是「銀行帳戶」，信任就是「貨幣」，企業針對品牌建設做的每一個動作，都是為「銀行帳戶」持續存入「信任貨幣」。

經營不只是經營產品,也包括經營信任。品牌亮相要自帶信任狀,人無信不立,產品也是如此,信任狀從根本上解決的就是消費者的不安全感。一個沒有信任狀支撐的產品,就無法支撐價格。成功的品牌都是在塑造信任、經營信任,進而建立信任。

品牌源于信任,興于信任。對於品牌來說,消費者的信任是一筆巨大的財富。信任既是品牌建設的基石,也是品牌能夠產生長線效應的引擎。品牌不僅要搶奪認知紅利、人心紅利,更要創造信任紅利,從認知加固到信任加固,不斷構建聲望壁壘,創造受消費者擁護的複利效應。

品牌的終極追求是構建可以與用戶共鳴、共振的「心流體驗」。「心域流量」是在品牌所覆蓋的公域流量和私域流量的基礎上,去建立信任和達成用戶共鳴的行為。只有關注消費者的心靈體驗,創造更多的精神價值,賦予消費者自我探尋的能量,才能讓品牌走到消費者的心坎兒裡。觸動消費者「心域」才有持續免費的流量。

信任的本質是安全感,安全感源自熟悉。所有企業都必須達到的終極目的,是完成交易,而達成交易的前提是信任。因此,在達成交易之前,企業必須先完成一系列動作,來建立

這種信任。對於建立信任，人類大腦有一條完整的鏈條——從知道、熟悉到關注、瞭解，最後才到信任。影響客戶決策的不是一見如故，而是日久生情。

29 低決策成本造就高行動數量

感性勝於理性，安全大於正確。 消費者做出購買決策往往依靠感覺而非理性，購物心理是安全大於正確。信任感、熟悉感都可以催生出安全感，這種安全感會戰勝不知名品牌或產品帶來的風險厭惡，觸動消費者繼續選擇熟悉的品牌、熟悉的產品。

消費者傾向于做出衝突最小的決策，本能地更願意和熟悉的對手交易。 顧客需要品牌提供零風險承諾，偏愛從眾性購買，選擇熟悉的品牌重複購買，都是心智追求安全這一規律在購買決策中的體現。品牌的保障價值，就是在降低顧客的安全風險。

從眾、暗示、模仿、安全是公眾的底層心理結構。 靠什麼去製造從眾、製造暗示、促進模仿、承諾安全？本質上還是靠廣告。凡是向目標消費者傳遞訊息，以達到影響消費者行為、促使消費者行動為目的的活動都可以稱為廣告，廣告是

一種心理暗示，累積起效後就成了行動指令。廣告不是萬能的，卻是抵達和推動新用戶增長的核心方式。

低決策成本造就高行動數量。人們往往不願意冒險和改變，也不願意跳出固有思維，哪怕你的產品很值得嘗試，但如果無形之中增加了決策成本，很多人最終也會放棄購買。要降低用戶的決策成本，設法讓用戶覺得行動起來很容易，從而做出簡單快速的選擇。

不要懷疑自己的第一印象，潛在顧客根據第一印象行事。要放棄已有的成見或心中預設的答案，只帶著觀察事物的銳利雙眼和開放的頭腦對市場或前線進行審視。如果你滿腦子都是自己的公司和產品，可能無法站在顧客的角度看問題。

顧客的很多決策並不是意識決定的，而是潛意識決定的。顧客並不是總能知道自己想要什麼，90% 以上的決策是通過潛意識或憑直覺做出的，如果你要他們描述，他們會選擇最容易描述的東西。這在行為經濟學中被稱為「認知流暢性」，從顧客決策的心理出發，讓選擇變容易、變輕鬆是一條有利的經驗法則。品牌的終極目標是要把自己從顧客「有意識的選擇」變成「潛意識的選擇」。

只有理解消費者心智規律，才能有效突破心智屏障。 消費者有六大心智規律：一是厭惡複雜，二是容量有限，三是先入為主，四是沒有安全感，五是充滿好奇心，六是追求社會地位。

激發消費者的心理需求，成為消費者想要的品牌。 所有購買行為都源自兩個動機：需要和想要。消費者的「需要」往往是功能層面的需求，在物質過剩的時代隨時隨地可以被滿足，可以被其他產品所替代。但消費者的「想要」往往是來自心理、情感層面的需求，一旦建立就很難被取代。

存在于顧客心智中，左右著顧客選擇的品牌，才是企業經營的核心成果。 從經濟學的底層邏輯來看，降低企業與顧客的溝通成本是商業模式的重要根基。正如管理學大師彼得‧杜拉克所言：「企業的經營成果在企業外部，企業內部只有成本。」所有極致的產品、材料、工藝，如果沒有轉化成顧客的認知優勢，就都是成本。

進入心智最好的方法，是找到心智已有的認知。 建立品牌認知，就是建立一個能驅動消費者行動的符號。符號的生產方是企業，符號的傳達物件是消費者，要讓消費者理解企業所要傳遞的意義，就要運用人們的集體認知、集體潛意識，調

動心智力量，建立認知優勢，進而提升品牌傳遞效率、降低傳播成本。

攻入「心理帳戶」，占領「心智位置」。心理帳戶是行為經濟學中的一個重要概念，人們會將自己的金錢進行分類，為不同帳戶所願意花費的金額相差很大。成功的品牌往往能夠通過品類創新，在消費者心中創建全新的心理帳戶。有了心理帳戶的池子，還需要突破門檻值，才能夠促成購買行為。

封閉空間的不斷重複，會觸發心理啟動效應，潛移默化影響用戶心智。如果你在電梯口經常聽到一首廣告歌，那麼接下來的一段時間，你對這個品牌的敏感度就會升高，在通路上遇到這個品牌也會更容易注意到它。這種行為和情感不知不覺間被他物啟動的現象，就是諾貝爾經濟學獎得主丹尼爾‧康納曼常說的心理啟動效應。

產品的公共可視性越強，品牌被識別的程度越高，越容易啟動人們的行為。人們經常會模仿別人的一些行為，心理學家稱之為「社會證明」。這種從眾效應的關鍵是產品的公共可視性，假如人們看不到其他人的選擇，跟隨和模仿就無從談起。而當可視性好時，產品更易於被公開討論，還會刺激人們的購買決策。

簡單概念勝於複雜概念，單一概念勝於多個概念。如何才能進入潛在顧客的心智呢？找到一個訊息並以不同的方式沒完沒了地重複，還是宣傳很多不同訊息？如果一個訊息跟另一個衝突了，那就是搬起石頭砸自己的腳。訊息過多，潛在顧客會感到迷茫，不知道你到底是誰，到底代表什麼。

品牌三問是品牌與顧客最重要的溝通，讓品牌快速到達顧客心智中的正確位置。顧客最想知道的資訊，就是能夠降低交易費用最多的訊息。顧客面對新品牌時，本能地想知道「你是什麼？有何不同？何以見得？」這三個問題的答案，因為這是顧客瞭解一個品牌最省力、最有效的方式。

提供更多選擇，其實是一種阻力。太多的選擇加大了人們延緩決策的可能性。如果只有兩條牛仔褲可以選，你不會期望太高；但如果有幾百條牛仔褲，你會期望找到一條完美的。人們會被太多選擇壓垮，以至於有失去行動能力的傾向，往往在從眾心理的影響下選擇跟風購買。[24]

人們總是同情弱勢品牌，卻又購買領導品牌。通常，人們總以為自己是在購買應該要買的東西，並不知道自己也會像羊隨著羊群盲動一樣，受到從眾心理的影響。大部分人並不知道自己為什麼要購買某個品牌，更多的情況只是在跟風購

買。

美好的品牌形象論是領導品牌的特權，跟隨者盲目效仿反而容易陷入誤區。大多數人買耐吉，因為耐吉是全球運動鞋第一品牌，背後的邏輯是從眾心理，而非耐吉廣告中傳遞的堅持不懈、永不言敗的價值主張。

強大的品牌讓顧客思考得更少，是大腦的默認設置。德國神經經濟學家彼得‧肯寧在消費者選擇品牌時掃描了他們的大腦活動，發現當人們選擇第一品牌時，大腦顯示出顯著的不活躍。也就是說，強大的品牌會讓選擇變得毫不費力。

人們不會改變其固有認知，一旦形成某種看法，一切就已經決定。如果你希望給消費者留下深刻印象，那就不能花費時間逐漸地影響消費者以博得好感。認知並不是那樣形成的，必須採取迅猛而非漸進的方式，如暴風驟雨一般迅速進入人們的頭腦。

瞄準目標孤注一擲，集中力量擊破門檻值。杜拉克認為，「孤注一擲」戰略必須有一個雄心勃勃的目標，否則注定會失敗，一般它瞄準的是主導一個新產業或新市場。這不是盲目的賭博，而是要不斷地關注市場變化，看準了方向，就集

中企業的優勢資源去大幹一場，並且擊穿門檻值。

飽和攻擊才能突破認知門檻值，搶占消費者心智壁壘。計量經濟學中的「門檻值效應」指出了行銷的重要規律：只有當行銷力量在市場中達到一定量級時，才能突破消費者認知門檻值，越過從量變到質變的拐點，取得顯著的收益。這也是商戰中飽和攻擊的原理。

獲利

30 打破資訊繭房才能破圈成長

拉新是不變的動作，破圈才是最終的目標。品牌增長到一定階段，往往會遇到邊際效用遞減的問題，原因就是品牌力不足。當增長出現乏力時，對內要拉動復購，提升轉化；對外要提升拉新，突破圈層。從品牌用戶到競品用戶、品類用戶，再到跨品類用戶、場景用戶，只有不斷突破圈層，才有可能持續增長。

認知破圈，產品才能破圈。品牌應該傳播好兩種認知：一類是精準認知，面向目標使用者，即會買、會用的消費群體；一類是破圈認知，面向所有用戶，即有必要廣而告之的大眾群體。品牌認知不能只傳遞給目標使用者，當認知破圈以後，就會從小眾人群的選擇成為大眾人群的選擇。

資訊不對稱是永恆存在的，消費者更依賴品牌來降低交易成本。網路時代資訊氾濫，但消費者解讀資訊的能力和精力卻極為有限。競爭者還會為了自己的利益隱瞞資訊、製造雜

訊，導致「網路無真相」。在這樣的情況下，品牌能夠降低消費者進行交易的成本。

演算法把使用者局限於狹窄的認知空間，用戶很容易陷入自以為全知，其實無知的資訊繭房。在網路時代，人們獲取資訊的通路都有一個共同的特點，就是會投你所好，定向投餵。然而真相往往是，在一個人的朋友圈裡刷屏的那篇文章，在另一個人的朋友圈裡卻從來都沒有出現過。

過度投資精準流量窄化了市場空間，忽略了品牌護城河。品牌誕生初期資金短缺，生存是首要目的，要優先使用精準流量。到了成長期要想實現指數級增長，必須進入大眾市場，為品牌破圈做鋪墊。成熟期的品牌已經積累了大量顧客，可以自帶流量，關鍵任務是提高和改善品牌聲譽，廣告策略要調整為品牌廣告為主、效果廣告為輔。

能觸及的媒體結合能觸動的內容才是完整的行銷引爆。媒體的核心問題是觸及，但觸及不一定能做到觸及，真正的好文案是能在消費者內心產生觸及，能推動銷售成功，並通過市場驗證有效。一旦能夠觸動人心，它就引爆了這個市場。把能觸及的媒體和能觸及的內容結合在一起，才是一個完整的行銷引爆。媒體的核心是觸及，觸及的關鍵是內容。

傳播是縱橫協同，沒有破圈就沒有成長。 新品牌往往容易陷入一種「原點陷阱」，每個新銳品牌起來時都有一批忠實愛用者，但原點人群很快就會到達上限。傳播是縱橫協同，不僅要縱向深入對目標使用者進行宣導，加強品牌與用戶之間的互動，還要橫向覆蓋更多的潛在用戶，破圈成為社會共識。既要不斷地加固核心用戶，又要破圈拓展大眾用戶。

破圈的本質是改變消費者心智，成為主流人群的主流選擇。 所有新品牌在角色塑造的過程中，都面臨心智破圈的問題。新品牌從 0 到 1 是破壁，用產品創新打造差異化，迅速吸引年輕的嘗鮮人群，成為新銳品牌。但這之後要做的，就是搶占時間視窗，進行集中引爆式的傳播，促使品牌破圈，成為大眾主流。

破圈是從爭奪存量市場，切換到開拓增量市場。 當品牌增長出現乏力時，一方面要看到戰場，打拉新之戰，破圈突圍；一方面要看到戰勢，率先上量級打心智之戰，率先搶占消費者心智。只有不斷突破圈層，才有可能持續增長。

破圈的必經之路是打通線上線下次元壁。 線上上崛起的新銳品牌追求精準流量，本質上是「貨找人」的邏輯，而品牌是讓「人找貨」，讓消費者想起這個品類時就能想到你。因

此,新銳品牌需要固化自身的差異化價值,抓住時間視窗展開飽和攻擊,打破次元壁走到真實的世界中,在消費者心智中將品牌與品類畫上等號。

品牌的作用是破圈和防卷。對一些新品牌來說,通過品牌引爆破圈,可以讓更多人知道你,取得規模化優勢。其次是防卷,遏制競爭對手。你做出了一個爆品,但是對手會很快跟進,爆品迅速同質化,品牌廣告的飽和攻擊將令你率先搶占用戶心智,關掉競爭對手的入腦之門,形成虹吸效應。

沒有引爆破圈的品牌,如同一直在湖裡撲騰,始終沒看過海的容量。短平快的流量投放,動輒數億次曝光、千萬次閱讀,看似做了很多動作,然而影響力只能被限制在局部的時空內,不過是「茶杯裡的風暴」。品牌自以為火遍全網,然而對所有顧客而言,一百個人中有多少人知道你?圈層化的精準行銷難以形成廣泛的社會共識。此外,流量廣告的觸及環境嘈雜,競爭對手也會針對同一批圈層用戶投放,而用戶多數會選擇直接劃走。破圈的關鍵是建立社會共識,從小眾圈層突破到大眾認知。

品牌引爆的正確姿勢:看得見、聽得清、記得住、忘不掉。「看得見」是選擇中心化主流媒體,影響主流消費者;「聽

得清」是避免複雜的語言，儘量用簡單的文字表達；「記得住」是簡單順口，易記易傳，最好是押韻的句子或人們耳熟能詳的樂曲；「忘不掉」是反復高頻觸及，這樣才能牢牢打進消費者心中。以持續的品牌建設贏得消費者的長久信任。

引爆品牌要「快、準、狠」，「快」在把握先機，「準」在精準定位，「狠」在飽和攻擊。在這個喜新厭舊的時代，一個新品研發的速度有多快，被消費者遺忘的速度就有多快。對企業來說，必須選擇恰當的攻擊時機，找準差異化定位，以最快速度搶占消費者心智。

第六章

傳播即聚焦

31 行銷是一場心智的較量

行銷的起點不是品牌想要什麼，而是顧客的大腦想要什麼。「現代行銷學之父」菲力普・科特勒認為「行銷是行為經濟學的另一種說法」，當行銷符合人類與生俱來的行為規律時，品牌就最有可能取得成功。前文我們也提到過，無意識下的自主性思維是人們做出決策的「幕後主使」，而這種決策機制的本質就是人性的趨利避害：喜歡熟悉的事物，討厭陌生的事物；喜歡簡單，討厭複雜；喜歡即時享受，討厭延遲滿足。

行銷的本質是在資訊不對稱的市場發射信號。在商業活動中，交易雙方對於他們要選擇的產品或服務所擁有的資訊並不完全相同。正是因為這種資訊不對稱，才有了行銷的存在，以降低消費者處理資訊的難度。資訊越不對稱，品牌行銷就越重要。

行銷是企業給顧客發信號，信號不強則無效。如果把行銷比

作在市場中發射信號,那就要直接發射信號彈,不僅要有適合的內容和適合的場景同時作用,還要在特定的時機集中引爆。廣告信號被多次重複後就變成了更強烈的事件信號。

行銷的信號要強,覆蓋要廣。信號強:能選擇高勢能媒介,就不用低勢能媒介;覆蓋廣:不能只講精準打擊,要廣覆蓋全部消費者,如決策者、購買者、使用者、傳播者等。

人們頭腦中的認知往往被當作普遍的真理,市場行銷是一場各種認知之間的較量。為什麼許多行銷決策都基於對事實的比較?為什麼眾多市場行銷人員都認為自己掌握了事實,並試圖去糾正顧客心智中不正確的認知呢?顧客的心智是很難改變的,稍微有一點對某種產品的經驗,顧客就會認為自己是正確的。

行銷大滲透增加品牌的心智顯著性,從而讓品牌進入顧客的心智階梯。行銷大滲透=行銷規模 × 行銷效率。想要實現行銷規模的增長,更有效率地觸及更多用戶,第一是要廣撒網(廣度),爭取更大範圍的用戶曝光機會;第二是要持續(深度),避免碎片化的傳播,要持續不斷地曝光。

行銷的目標不是改變使用者心智,而是改變進入用戶心智的

方法。認知決定了消費者對產品的看法、選擇產品的意願、消費產品的習慣等。如果企業找不出與消費者認知直接對接的產品概念,也無法通過產品概念的切割改變消費者的認知,那產品注定是一個失敗的產品,遲早會被市場淘汰。

品牌行銷是一場消費者認知的較量。在資訊爆炸的時代,可獲取的資訊越來越多,但是從繁雜的資訊中篩選出有價值的知識卻愈發困難。人們缺乏的不是獲取資訊的能力,而是認知能力,認知決定了思維模式和行為偏好。品牌要具備管理消費者認知的能力,在消費者心智中建立起與競爭對手相區別的認知優勢。

行銷的真正對手是顧客的遺忘。對於企業來說,行銷的目標當然是打敗競爭對手,至少是防止自己被對手打敗。然而,行銷的本質是一場對抗顧客遺忘的戰爭,當顧客的心智階梯中有企業的一席之地時,企業才能生存。行銷的真正對手是顧客,準確地說,是顧客的「遺忘」。如何突破消費者認知門檻值?唯有重複。

理解需求是行銷的前提,創造價值是行銷的本質,管理認知是行銷的手段,建立關係是行銷的目標。企業的所有行銷活動一定是始于顧客並終於顧客的:始于理解顧客需求,終於

獲利

為顧客創造價值。通過研究消費者的需求痛點，決定向其提供何種價值；接著打磨產品，創造價值；再向消費者傳遞價值，把產品價值轉化為用戶認知；最後與消費者結成價值共同體。

對於行銷來說，所有的事都是一件事：為購買提供理由。 很多時候不是競爭對手打敗了我們，而是我們從一開始就沒有在購買理由上做足思考。這個理由你想不想得清楚，決定了你說不說得明白，不需要各式各樣的知識，一個理由就夠了。在顧客的心智中獨占一個詞，把這個詞守住了就是一個好理由。

行銷的本質是吸引顧客和保留顧客。 廣告負責「吸引顧客」，品牌負責「保留顧客」。好的行銷兼顧這兩者，洞察消費者的心理和行為，最終目的是讓「推銷變得多餘」。

行銷，是為了減少消費者的心智阻力。 企業的成功離不開產品、通路和行銷的有效平衡。產品是把千鈞之石推上萬仞之巔，從而獲得巨大的勢能。通路是產品與使用者接觸的觸點，確保產品更容易被買到。

行銷是發現本就存在于顧客心智中的認知，把已有的認知基

礎轉化為品牌資產。我們總是想給顧客新鮮的、創新的東西，總是以為顧客對新的東西接受更快，然而事實是顧客對新的東西遺忘更快。當我們傳遞一個資訊時，不要無中生有發明新的，而是要發現舊的，所謂的「舊」是指顧客心智中已有的認知基礎。創新不是破舊立新，而是以舊立新，實現和顧客心智中已有認知的連接。

行銷的目標不是改變心智，而是改變進入心智的方法。顧客心智中已有的認知，就是企業必須面對的客觀事實，顧客只能看見他能看見和想看見的東西。企業要利用顧客心智中已暗藏著的常識和觀念，任何試圖改變顧客心智的努力都是徒勞無功的。要借力打力，順應消費者認知。

行銷的起點不是企業想要什麼，而是顧客的大腦想要什麼。在品牌和產品行銷當中，不存在完美的內容和好內容，只存在對的內容。歸根結底，行銷是要回到用戶角度，不要自說自話。當行銷符合用戶在場景中的行為規律時，就最有可能取得成功。人、貨、場匹配的內容才是真正對的內容。

行銷力是引導情緒的能力。如果說企業、產品、消費者三方關係為明線，那麼隱藏其中促使消費者完成購物行為的「衝動」就是暗線，這條暗線就是情緒，是消費者作為人類的本

能和直接反應。行銷的目的是引導情緒,影響消費者的潛意識。

產品價格和通路優勢日益趨近,應借助強勢媒介直擊顧客心智。在產能極度過剩、產品極度豐富的移動網際網路時代,不同品牌在產品實力和通路能力上的差距越來越小,媒介戰場上的行動就成為決定競爭勝負的重要砝碼。

32 高品質傳播是品牌增長的保障

高品質傳播是品牌增長的保障。暢銷書《認知盈餘》作者克雷‧薛基說：「媒介正在從商業的一種集合體，轉向社會連接組織的定義。」品牌如何連接消費者，成為一種決定商業命運的動作。而解題的思路，正是品牌傳播的基本載體——媒介。只有高覆蓋、高品質、高影響的「三高媒體」才能驅動消費者改變行為。「高覆蓋」是指消費者觸及率高和消費者接觸時長高；「高品質」是指消費者專注度高和消費者記憶度高；「高影響」是指消費者的購買轉化意願高。

傳播的本質是用重複叩開消費者的心理關隘，並通過不斷重複來抵禦遺忘。品牌行銷到底要有趣、有料還是要有用、有效，不能靠直覺，而是要回到傳播的第一性原理上來。必須通過確定性極強的傳播手段，在潛在消費者心智中高頻重複輸入和鞏固，並堅持長期主義，才能享受時間的複利。

傳播的目的是影響行動。美國心理學家威廉‧詹姆士發現，

人們 99% 的行為都是純粹自發式的活動，並不涉及有意識的態度和動機，大多數的行為並不是深思熟慮的決定，而是受到環境影響的條件反射。當人們產生了某種行為，就會形成相應的態度，為自己的行為尋找合理化解釋。

傳播的兩個關鍵要素是資訊策略（說什麼）和創意策略（怎麼說）。許多廣告習慣於關注創意策略，即如何提出奇思妙想，卻忽略了資訊策略，即要傳遞什麼有價值的資訊。缺乏品牌價值主張，只有隨波逐流的熱點內容，無助於品牌心智的建立。品牌價值主張反映了品牌的內核，是消費者選擇你而不選擇別人的理由。

傳播的核心是確定性和中心化。確定性是每個品牌在發展過程中始終追求的目標，因為傳播中最大的風險就是不確定，當你想把你的品牌名送進幾億消費者的耳朵裡時，就要尋找消費者躲不掉的封閉空間。在低干擾的封閉空間，反覆高頻觸及才是真正確定性的收視。

傳播既要爭取消費者也要控制競爭對手，消費者的心智占有率決定品牌的市場占有率。傳播的核心要針對兩個群體，一是消費者，一是競爭對手。投廣告首先要拉攏人心，搶先占領消費者心智。廣告投下去還要看市場占有率，看消費者中

有多少人知道你的品牌。當人群基數很少時，口碑就無法形成。

傳播要忌貪，想說的太多等於什麼都沒說。 分散排布的資訊點過多，不但不會讓消費者對你的印象更加深刻，反而會稀釋消費者對於核心資訊的注意。應對傳播過度，最好的方法就是儘量簡化資訊，最終在顧客的心智中擁有一個專屬於你的詞。

傳播要橫向統一、縱向堅持。 對品牌傳播來說，無論是外在形式，還是內在內容，都必須「橫向統一，縱向堅持」。「橫向統一」是將所有資源、所有動作都往同一個方向努力，讓每一個傳播動作都成為品牌資產的累積。「縱向堅持」是當廣告策略有效時，就不要輕易改變。統一並不意味著一成不變，而是不偏離品牌的核心價值。

傳播應以重複對抗遺忘，以中心化對抗碎片化，以確定性對抗不確定性。 首先，重複是傳播的第一性原理，只有重複才能對抗遺忘。其次，當品牌置身於資訊爆炸的移動網際網路，對抗碎片化的首要方法是集中引爆，充分發揮中心化的優勢。最後，社交行銷的普遍挑戰是難以複製的成功、無品牌價值的刷屏以及無比迅速的遺忘，不確定性極高的投入猶

如一場賭局。

品牌要持之以恆地重複傳播，避免讓新一代顧客感覺陌生。「喜好原理」是心智規律的體現之一，人們本能地更願意和喜歡的、熟悉的對手交易，這背後就是重複博弈導致的合作進化。因此品牌要持之以恆地傳播，如果條件允許還應當建立會員機制，利用重複博弈推動合作的進化。

傳播要集中火力於狹窄的目標，使其能切入顧客心智。「定位之父」艾・里斯多次強調：「應對傳播過度的最好方法，就是儘量簡化資訊。傳播和建築一樣，越簡潔越好。」諾貝爾經濟學獎得主丹尼爾・康納曼在《快思慢想》中提出：如果你希望別人認為你可靠、聰明，那就不要用複雜的詞彙，用簡單的詞彙就可以了。

有限預算更需要集中引爆，受力點越小，壓強越大。區域攻堅要牢記三個「不」：（1）不鼓勵資金有限的品牌盲目「撒麵粉」；（2）不在沒有足夠通路承接的地域「搞攻堅」；（3）不狹義化「精準」概念。例如分眾不僅可以做到地理意義上的精準，還可以根據樓價、商圈和潛客濃度挑選樓宇。要聚焦核心媒體、核心區域，穿透核心人群的心智。

好的傳播策略是在時間和空間上集中、集中、再集中。品牌傳播要時間集中：短、頻、快；空間集中：在每個局部占有絕對優勢；尋找消費者躲不掉的封閉空間：春節檔、春晚、分眾電梯。壓倒性投入就是不留餘地，把水燒開到100℃。

傳播中分散資源是最大的風險，要把所有雞蛋放在一個籃子裡。壓力之下企業往往會有一種錯覺，認為在所有的籃子裡都放上雞蛋才是最安全的，經常是「大鍋飯」式地平分了行銷費用。我們反覆強調，這會降低企業對單一市場的滲透率，10個通路各1%的滲透率，不如一個通路10%的滲透率，因為一個通路10%的消費者會引爆剩餘的90%。要集中資源一次性單點引爆，製造行銷的「穿透效應」。

傳播要注重價值型指標，而非結果型指標。衡量品牌傳播的KPI（關鍵績效指標）是什麼？務實的老闆大多會將KPI著眼點放在清晰的獲客上，這也成了一個通病：KPI替代了品牌的實效增長成為企業追逐的績效目標，即所謂的「KPI短視症」，忽視了真正需要創造的品牌價值。

過度追逐熱點，缺乏與品牌核心價值的結合，最多只是刷了存在感，無助於品牌心智的建立。成功品牌傳播的三種有效方法：融入社會重大話題，融入社會熱門娛樂，融入消費者

核心生活空間。如果只是追逐市場熱點,沒有強化品牌的核心價值,這種傳播只會浪費企業的精力與資源。

過度追求精準傳播,等於放棄成為公眾品牌。品牌在初創期可以採取點對點的精準行銷方式,因為這個階段追求的是高轉化率。但是隨著品牌的發展和規模的不斷增長,精準反而成了最大的阻礙。一個成長中的品牌如果在傳播過程中過度追求精準,就是在放棄成為一個公眾品牌的可能性。

33 廣告的本質是塑造正面認知

廣告的本質是在塑造一種正面的認知預期。人們對一件事物的預期會蒙蔽自己觀察問題的視線。如果我們事先相信某種東西好，那麼它一般就會好，反之亦然，這就是心理學中的預期效應。人們的喜好有時候並不是根據實際體驗得來的，而是預先就已經設定好了答案。

廣告能在顧客大腦中發起認知的啟動效應。「啟動效應」在心理學中是指受某一刺激的影響而使得之後對同類刺激的認知和加工變得容易的記憶現象。廣告傳播中同樣存在著「啟動效應」，當廣告重複影響用戶，用戶在生活中遇到相同場景時，就會啟動大腦中已有的廣告印象。

廣告有效的秘訣在於建立品牌在顧客潛意識中的內隱記憶。
記憶可以分為外顯記憶和內隱記憶。內隱記憶的存在證明了記憶是如何影響我們的行為的，就如我們在前文所講的，當人們聽到一句話的時候，即便他們記得不那麼清晰，但比起

那些以前沒聽過這句話的人，會更傾向於認為這句話是對的。

廣告降低認知阻力，觸發行動指令。但凡我們的眼睛和耳朵探測到的內容，大腦幾乎照單全收，無意識地接收並儲存這些資訊。廣告也有相似的工作原理，廣告的真正威力是在大腦中創造出長期持續的隱性記憶。消費者下次在通路看到這個產品，大腦會做出「似曾相識」的判斷，就會更傾向於選擇它。

廣告是無意識的藥丸，影響潛意識下的選擇。媒介理論家麥克魯漢認為：「廣告不是供人們有意識消費的，它們是作為無意識的藥丸設計的，目的是要造成催眠術的魔力。」廣告，對消費者而言，不需要全神貫注，因為全神貫注就會思考，思考就會產生心理防禦。

廣告是一種心理暗示，累積起效後就成了行動指令。美國著名廣告學家唐‧舒茲說廣告的作用就像一團霧，慢慢滲透入消費者的內心，在他們心目中留下恆久深刻的印象。這種印象可能不是時時浮現的，但是一旦消費者在面對該產品時，就會生出似曾相識的親切感。

廣告的目的是影響顧客的購買行為，維護和加強顧客的購買機率。 廣告對銷量的影響往往需要一段時間才能觀察到，英國認知心理學家布羅德本特給出了一個貼切的比喻：銷量就像一架飛機的飛行高度，廣告支出就像飛機的引擎，當引擎運轉時，一切都很平穩，但是當引擎停止運轉時，飛機就開始下降了。

「看到」廣告的並非我們的眼睛，而是大腦。 人們往往會賦予那些大腦中容易提取、生活中容易見到的資訊更多的權重，而對其他信息「視而不見」。熟悉的名字會立刻引起我們的注意，熟悉的品牌會影響我們的購買選擇。

廣告起作用的主要方式是刷新和構築記憶結構。 促銷往往更傾向于經常購買的重度顧客，其銷售效果無法長時間得到延續，不斷打折促銷反而會拉低品牌價值，容易陷入價格旋渦。廣告是為了觸及並影響所有類型的顧客，建立或刷新顧客對該品牌的記憶結構，使顧客在未來的購買場景中更容易聯想到該品牌，從而產生購買傾向。

廣告反復地露出，目的是培養消費者的心理定式和購買習慣。「習慣效應」是指當人們習慣了一樣東西以後就很難轉變。對於消費品來說，核心任務就是培養消費者的習慣，習

慣能夠幫助消費品築起競爭壁壘，確保溢價能力，在購買行為當中占得先機。

廣告不創造購買欲，而是激發購買欲。行銷專家尤金・舒瓦茲在《創新廣告》中指出：廣告無法創造人們購買商品的欲望，只能喚起原本就存在於百萬人心中的希望、夢想、恐懼或者渴望，然後將這些「原本就存在的渴望」導向特定商品。行銷要挖掘出消費者心中的欲望，並與產品的差異化賣點結合。

不要試圖教育消費者，而要撬動他們的興趣。很多品牌做廣告總是想對消費者進行教育，卻不能撬動消費者對品牌產生興趣。廣告的作用是讓消費者對你的品牌感興趣。消費者如果不感興趣就不會產生關注，不容易記住，更不會產生購買的欲望。

廣告的目的不只是完成銷售，更重要的是解除對品牌的認知阻礙。廣告不僅要打動精準的購買者，還要實現一種消費趨勢和潮流。一對一的精準行銷，難以實現對社會認同感和消費氛圍的塑造，因為消費者都是社會動物，其選擇會受到周圍人和所在圈層的影響。精準行銷往往局限在有限的範圍，無法建立社會共識和社會場能。

廣告的勢能，在於從哪裡發出。媒介即傳播，傳播即勢能，勢能的強弱決定了資源的流向。廣告內容與媒體環境、媒介本身，共同影響著用戶對品牌的感知。要站在龍頭媒介的肩膀上，借用主流媒介的勢能。廣告投放在主流媒體，暗示著高品質、值得信賴。

如果沒有品牌廣告去累積、固化價值認知，那銷量就是不可持續的。現在都講精準行銷、直播電商，似乎不需要品牌廣告了。其實流量、直播等方式只解決了「買」「何時買」「何價買」的問題，沒有解決「愛」和「為什麼愛」的問題。沒有愛的買是單次的，是不持久的。消費者今天會因為低價買你的產品嘗鮮，也會在明天因為對手價更低而轉身去嘗試別人的產品。

品牌的本質是認知，流量的本質是通路。流量型平臺上的大多數廣告都帶有促銷性質，與電商通路連為一體，並強調銷售效果，更應該歸於通路銷售費用而非品牌傳播費用。品牌廣告的目的是在消費者頭腦中建立長期持續的認知，下次在通路看到這個產品，就會更傾向於選擇它。

找到消費者心智的開關，喚醒消費者的情緒共鳴。品牌或產品在廣告中一般都要講自身如何有用、有效，然而在充滿壓

力與挑戰、容易焦慮的環境下，品牌也要善於體察消費者的情緒，送上最及時的慰藉與正能量。在壓力與焦慮之下，廣告有情、有義、有共鳴也是一種有用、有效。

打動人心、共情的形象廣告是領導品牌才有的特權。品牌廣告打動人心和共情往往是基於產品品質和市場地位已經牢牢占據了消費者心智的前提，還未成為領導品牌之時要儘量避免過於形象化和打動人心化的廣告。

要成為「潛意識的選擇」，而非「有意識的決定」。廣告的作用一是形成條件反射，二是建立認知偏見。人們總是偏向於選擇更熟悉的品牌，熟悉的就是安全的。認知偏見幫助品牌在消費者心中做出了決策，一旦消費者將品類和品牌等同起來，該品牌就已經成功占據了心智，成為消費者潛意識的直覺選擇。

廣告傳播是對品牌的長期投資，會在品牌價值上得到正向累積。從經濟學的角度看，廣告傳播是企業的一種「投資」行為，以規模化的方式，挖掘出產品和服務的潛在目標使用者。消費者自身對於產品的潛在需求也許不易察覺，而廣告可刺激消費者產生需求，讓其對產品從陌生到熟悉再到接受甚至喜愛。

34 廣告的內容要瞄準顧客心智

廣告的主要任務是和潛在顧客進行清晰而簡潔的溝通。在現實生活中,我們不會和陌生人打啞謎,但在策劃廣告時,很多人卻忘記了這個原則。和顧客說話時不要故作高級,一定得直接。廣告的價值是發射資訊、傳遞資訊,創意要圍繞著最終的目的服務。如果創意掩蓋了資訊、稀釋了資訊,潛在顧客是直接無視的。

廣告要傳遞正確的訊息,並正確地傳遞訊息。一件商品裡面有很多訊息,哪些訊息更重要,哪些要先被瞭解,哪些可以後被知曉,這些都需要廣告來傳遞,即「傳遞正確的訊息」。消費者如何才能看到你的訊息,如何更容易地理解你的訊息,這些也需要廣告去解決,即「正確地傳遞訊息」。

當廣告訊息具有「顯著性」時,被心智「提取」的機率才會更大。「心智顯著性」是市場行銷學教授拜倫・夏普在《非傳統行銷》中提出的概念,指廣告資訊在顧客心智中被主動

記起的能力。如何才能提升心智顯著性呢？一是訊息足夠簡潔，二是訊息儘量形象，這兩者的目的都是降低記憶和提取的成本；三是重複，目的是製造記憶錨點。

廣告首先要被聽懂，才有被記住、被選擇的勝率。很多廣告喜歡講故事、講情懷、講態度，對認真觀看並感受這支廣告的一部分觀眾來說，打動力確實很強，但這種廣告往往滲透能力較弱。反而是內容簡單直接的廣告，也許打動力沒那麼強，但是勝在每個人都聽得懂。

廣告的目的不是娛樂大眾，而是為了銷售。每個商家都期望其廣告能成為人們談論的話題，然而人們真正喜歡談論的不是產品，而是廣告片哪裡有趣。其實，大部分持續投放的看似無趣而價值點清晰的廣告片對銷售產品往往是有效的，潛移默化地建立了熟悉感和信任度。

創意費盡心機，不如有話直說。廣告是一場心理戰，一切進攻都要瞄準顧客心智，有話直說，不要費盡心機變花樣。如果不能影響心智，不能觸動消費，那麼不管它獲得多少創意獎項，也是無效的。

創意的宗旨是降低資訊傳播門檻，提升訊息傳播效能。創意

行銷的目的是提升訊息傳播效能，適用場景有兩個：一是傳遞的訊息對於目標受眾過於陌生；二是傳遞的訊息在整個行業中過於同質化。在產品及品牌資訊本身傳播力很強的情況下，刻意套上創意反而會稀釋已有訊息的強勢傳播力，成為傳播的阻力。

創意與創新的本質是舊元素的新組合。 廣告大師詹姆斯・韋伯・揚提出「創意是舊元素的排列組合」，現代創新理論的提出者約瑟夫・熊彼得將「創新」解釋為「生產要素的重新組合」，成功的創新往往來自把「舊要素」重新拆解，並匹配形成「新組合」。

創意本身一文不值，傳遞價值才有意義。 里斯與特魯特合著的《定位》指出，創意本身一文不值，只有為品牌定位目標服務的創意才有意義。如果缺乏品牌價值主張，就成了捨本逐末，無助於品牌心智的建立。

好創意必須體現品牌核心價值，否則越好的創意越會混淆認知。 打造強勢品牌的核心要求是統一、再統一。任何分散都是資源的浪費，再好的創意如果不符合品牌理念都是對傳播效果的削弱，任何對品牌資產的積累沒有貢獻的傳播行為都是對品牌的傷害。

創意是關鍵性因素，執行是決定性因素。從策劃方案到落地執行，中間的路徑非常長。即使有很好的創意策劃，執行到最後的結果可能也會走樣。如果是一流的方案、三流的執行，最終獲得的也是不入流的結果。但二流的方案、一流的執行，將會獲得超一流的結果。成功的核心是行動的成功，而不是想法的成功。

效率大於創意。廣告如果在創意上過度「內卷」，最終往往會偏離消費者的真實需求。廣告成功的關鍵是要抓住消費者的情緒和痛點，消費者需要的是有用、有效的內容，一味地拼創意反而容易降低效率。

創意只有創造需求，有趣才會變成有效。廣告的目的是觸發需求，讓消費者產生行動，並不只是為了有趣、有創意、有新鮮感。廣告深入人心、建立條件反射才是促進行動最有效的方式，最終成為消費者不假思索的選擇、潛意識的選擇。

廣告是對消費者大腦的投資。廣告其實是一種投資，投資的是消費者的大腦。所以廣告需要持續積累，要研究怎樣才能給消費者留下深刻印象。廣告語能不變儘量不要變，最怕的是投了一段時間就頻繁更換，這樣前面花的錢基本上就全浪費了。

當廣告策略有效時，就不要輕易改變。好廣告就像雷達，總是在搜尋新的潛在消費者。每年都會有更多新的消費者進入市場，當你的企業或產品創作了一則成功的廣告，就不妨重複地使用它，直到它的號召力減退。

廣告的功能是放大核心資訊，投放廣告就是放大產品的購買理由。一句好的廣告語首先是銷售語，是產品購買理由的廣而告之。要從需求、競爭出發，圍繞著產品組織語言，而不是圍繞摸不著、看不到的情緒、情懷。

大部分廣告不是對潛在消費者廣而告之，而是企業主自說自話。廣告語並不是想出一句漂亮話，而是洞察、洞見的組合。要麼激發潛在需求、要麼明確競爭替代關係，進而達到兩個目的：傳遞獨特的價值，給消費者清晰的購買理由。廣告的功能是放大核心資訊，投放廣告就是放大產品的購買理由。

廣告語不是自說自話，而是消費者選擇你而不選擇別人的理由。廣告語要具備可信性、競爭性、傳染性。可信性是要有理由和事實支撐，競爭性是要有讓消費者選擇你而不選擇競品的轉移能力，傳染性是易記易上口、戲劇化表達。

廣告可容納的文字有限，應優先使用最有說服力的信任狀。廣告語可以從三個方面向顧客提供「可信性」：具體、歸因、信任狀。廣告語因具體而顯得真實，歸因是給出理由且符合顧客認知的因果關係，同時要善於使用信任狀來體現品質保障。

廣告語要簡單順口、易記易傳，還要符合常識，融入文化母體。大腦有兩套思考系統，人們絕大多數時間使用「快思系統」處理判斷問題，因為不費腦力；「慢想系統」的運作需要耗費大量精力，因此廣告要避免複雜的語言，儘量用簡單的句子來表達，最好是押韻的句子或順口溜。當廣告語比較符合常識的時候，消費者更容易認知。當廣告的音樂耳熟能詳時，消費者更容易被帶入。

好的廣告語，要顧客認、銷售用、對手恨。如何找到一句最能體現品牌差異化的廣告語？通常有三個方法：倒逼老闆，讓他一句話說出客戶選擇你而不選擇別人的理由；尋找銷冠，看他如何說服客戶；訪談忠誠客戶，看他如何向別人推薦。

一線銷售會用的廣告語意味著更具銷售力，也表明該廣告語包含了有效的定位。如何判斷一條廣告語能否有效傳播品牌

定位？首先要滿足「銷售用語」要求，即一線銷售人員會使用的話語，即使不是使用原話，也是提煉廣告語的基礎，將其演繹成更口語化的表達方式。

廣告語的出圈密碼是穿透力和爆破感。定位是品牌發展的方向盤，但品牌定位並不直接等於廣告語。廣告語的使命是讓你的品牌和消費者產生關係，激發消費者對品牌的興趣。要把品牌的戰略性定位用語翻譯成消費者感興趣的溝通性語言，才能讓消費者想認識你、有興趣多看你一眼。

廣告語不僅要具備侵入顧客大腦的能力，還要具備讓顧客主動進行二次傳播的能力。廣告語要具備「傳染性」，可以參考衝突戲劇、簡單易記、高頻誘因、社交貨幣幾條原則。例如「腦白金」這個經常被吐槽的廣告就利用了以上原則，它永遠得不了廣告界的大獎，但一直都在獲得消費者的「大獎」。

獲利

35 廣告不僅要趁早打，還要持續打

品牌廣告是品牌從初創期走向成熟期的標誌，也是品牌進行市場破圈的必經之路。品效協同的整合傳播正在形成三級火箭行銷模式：第一級，基於通路力量的流量收單，強調即時的銷售轉化；第二級，基於社會力量的社交造勢，營造消費資訊環境；第三級，基於企業力量的品牌共鳴，通過品牌價值承諾贏得消費者認可並簡化決策。

品牌廣告的作用是利用快思維促進消費者做出有利於自己品牌的決策。品牌廣告的作用不僅僅是宣傳，還利用心理學的快思維在消費者決策的各個階段產生著潛移默化的影響，在消費者必經的生活空間中持續重複地曝光。這種影響往往是不動聲色的，從量變到質變，一旦越過拐點就會讓品牌深入人心，取得持續的高速成長。

品牌廣告的前期鋪墊是產生購買的催化劑。從接觸廣告到完成購買，這期間消費者心理大概經歷五個階段：引起注意、

產生興趣、培養欲望、形成記憶、購買行動。品牌廣告主要在前四個階段發揮作用，是消費者形成認知的基礎，而效果廣告側重於最後一個環節——購買行動的促進。

品牌持續增長需要反復影響使用者。 奧美創始人奧格威曾經問過箭牌董事長瑞格利：「你的市場占有率已經那麼大了，為什麼還要繼續為口香糖做廣告？」瑞格利反問：「你知道我們坐的這輛火車開得多快嗎？」奧格威回答：「估計每小時150千公尺。」「那如果我們鬆開引擎呢？」

廣告是占據心智的炮彈，媒體火力是決勝的核心要素。 企業必須在產品、通路和媒介三大物理戰場構建事實來影響和改變消費者的認知。當產品過剩化、通路同質化，媒介戰場的行動很可能成為決定競爭勝負的重要砝碼。

廣告預算就像是一個國家的國防預算。 品牌一旦誕生，就需要廣告來維護。品牌領先者不應把廣告預算看作坐等紅利的投資，相反，應當把廣告預算當作一種保險，防止自己因為競爭對手的攻擊而失去原本的市場占有率。

製造行銷上的「穿透效應」，穿透消費者的血腦屏障。 有些企業在規劃廣告行銷費用時，經常是「大鍋飯」式地平分了

這筆費用，撒一點這個媒體，追一追那個熱點。這樣的模式只會白白地浪費預算，要集中資源一次性單點引爆。

沒有超越對手的聲量，哪有超越對手的銷量。從來沒有一勞永逸的品牌，市場上的競爭對手永遠會持續不斷地出現，品牌只有敢於超額投放，才能獲得更大的市場聲量，搶占更大的市場占有率，獲得超越對手的市場銷量。大規模的品牌投放一方面可以彰顯實力，告訴消費者自己是龍頭品牌，另一方面還可以封住競爭對手的路，讓對手知難而退。

廣告的重要邏輯之一是要不斷去創造並強化顧客心中的記憶節點。從心理學角度來說，品牌就是存在于消費者心智中的認知綜合體。品牌在消費者心中的認知程度是評價一個品牌的重要指標，知名品牌總是會比普通品牌擁有更多記憶節點，因此被消費者憶及、談論並購買的可能性才會更大。

不打廣告，等於變相消失。廣告的本質是投資而不是成本，是把廣告費兌換成心智貨幣，存儲在消費者的心智中。企業要敢於打廣告，不打廣告就會被別人的廣告打。消費者是善忘的，當你停止向大眾持續傳遞認知，被遺忘的速度比想像的要快得多。

廣告是商戰利器，不能投到無人區。廣告語要具有「競爭性」，能否把顧客從競爭對手那裡轉化過來，一個重要的判斷標準就是廣告發佈後，競爭對手會不會有反應。能讓競爭對手產生危機感的廣告才是真正有效的。

品牌廣告在特殊時期，更能起到「保命」的作用。凱度BrandZ™資料顯示，新冠疫情期間那些擁有強大品牌資產的品牌獲得了更快的復甦，品牌建設作為長期作用力與「品牌護城河」的作用被認證，品牌廣告在提升品牌資產及長期銷售增長中起到了關鍵作用。

有實力的品牌要敢於踩油門而不是踩刹車。經濟低迷的時候，品牌往往最應該打廣告。首先，消費者會更為謹慎，把錢花在更穩妥、更具確定性、信賴感更強的品牌上；其次，雜訊更低，此時打廣告的聲量占比往往是平時的數倍；再次，對手沒信心，競爭性會減弱，正是拉開差距的好時機。

廣告不僅要趁早打，還要持續打，堅持越過從量變到質變的拐點，半途而廢才是最大的浪費。廣告要趁早打，抓住時間視窗搶先占領消費者的心智，而且一定要打透，不把水燒開就熄火才是真正的浪費。有些廣告很好，但效果未達到預期，往往是因為半途而廢，在市場沒有起來時就停掉。

企業錯失時間視窗，付出的代價才是最大的。便宜的廣告往往是最大的代價。零散的曝光無法形成社會共識的引爆效應，低頻的觸及無法突破血腦屏障形成記憶，無法獲得強有力的背書效應，甚至還會拉低品牌形象。

廣告的基礎目標就是創建安全感，讓用戶不設防。微笑是一種催眠，會讓我們放下防禦。品牌廣告也是一種催眠，不斷重複的廣告讓用戶有熟悉的感覺，潛意識裡覺得更安全。

心理暗示的累積會產生疊加效應，能夠實現從量變到質變的效果。廣告往往是為了形成一種條件反射和心理暗示，用特定的方式重複地向觀眾發出單一資訊，觀眾潛意識內接受了這些資訊，從而做出特定的心理或行為反應。

廣告的本質是通過不斷重複，將消費者的記憶加熱到「沸點」。廣告大師惠特曼在《吸金廣告》中指出：你發了七次廣告，人們才開始看它。廣告進入人們的心智需要時間累積，所以要持續投放一段時間，等待人們接受這些資訊。當你對廣告感到厭煩時，顧客可能才剛開始注意並記住它。

高頻觸及是打造品牌的核心要素。在低干擾的、狹小封閉的空間中，視網膜被廣告充斥的時候，才是真正有效的收視，

反復高頻觸及才能把品牌定位資訊牢牢打進消費者的心中。

碎片化的曝光難以形成品牌記憶，集中持續的引爆才能突破消費者心智壁壘。長期建設品牌，不僅是指持續地投入金錢用於品牌廣告，更重要的是品牌能否堅持傳遞資訊的一貫性和核心價值的連貫性，以及在應對善變的消費者和多變的媒介時，是否能始終如一地兌現其價值承諾。

36 過度依賴流量是自廢武功

過度依賴流量,是品牌自廢武功。流量思維和價值思維有天壤之別,表面是側重點的不同,本質卻是底層運營邏輯的不同。品牌商要做品牌附加值,著力塑造品牌差異。流量廣告不承認品牌附加值,盡力抹平品牌差異。創造附加值的不是流量,而是品牌。

流量是即時滿足,品牌是延遲滿足。當企業把核心放在構建品牌上,品牌資產的壁壘將會越壘越高。顧客因為品牌的吸引而主動購買,交易成本降低,流量成本也因此越來越低。如果只是一直在買關鍵字、買流量,一旦停止投放,將沒有任何積累。

品牌的核心價值是用戶驅動的自有流量。傳統零售的流量是終端占有和行銷推廣,線上零售的流量來源於推薦流量和自有流量的平衡。品牌的價值在於形成自有流量,而非一味地購買流量。一個品牌的自有流量有多少,可以體現出品牌運

營的核心能力。

企業應回歸價值行銷，讓品牌自帶流量。傳統的流量邏輯把流量視作一種成功的原因，依靠流量轉化銷售。品牌流量的邏輯是通過構建品牌的核心競爭力，讓品牌自帶流量。未來的流量之戰，會越來越依靠企業的基本盤——由品牌影響力形成的顧客資產。

聚焦品牌價值，減少流量依賴。龍頭企業在市場不穩定的時期反而更重視品牌投入，因為消費者更謹慎，把錢花在更穩妥、更具確定性、信賴感更強的品牌上；同時市場上的雜訊更低，競爭性減弱。品牌敢於反向投入，會贏得更大的市場聲量，搶占更大的市場占有率，更快提升品牌集中度，在消費復甦階段就能以最快的速度恢復。

品牌才是持續免費的流量。流量廣告的目的是促進即時轉化，所使用的媒介和文案設計都會圍繞刺激使用者行動的目的展開，屬於一次性的衝動消費，難以培養長期的品牌偏好和消費習慣。

流量占據通路，品牌占據人心。流量的本質是通路的一次變遷。在變遷當中，如果沒有品牌支撐，流量平臺最終會把利

潤收走。靠流量紅利創收，紅利就會收拾你。流量紅利來得快去得也快，短期的快感並不能帶來長期的發展。品牌雖然是心智占有和信任背書，但沒有站到流量的對立面，品牌本身恰恰就是巨大的流量池。沒有強大的品牌，最終只是平臺的打工人。

無論是公域流量還是私域流量，真正有長期價值的是「心域流量」。如果說公域流量是製造品牌聲量，私域流量是打造用戶關係，那麼，心域流量就是品牌真正可以依賴的「認同資產」。無論公域還是私域，其本質都是持續建構品牌信任，和消費者建立更加緊密的關係，與消費者實現內心的共鳴和共振。讓品牌穿越傳播的碎片化資訊叢林，建構「品牌心域」才是破局關鍵。

品牌既是流量製造機，又是轉化催化劑。流量邏輯是依靠流量轉化銷售，品牌邏輯是通過構建品牌的核心競爭力，讓品牌自帶流量。品牌深入人心就是持續免費的流量，同時品牌認知越強，流量廣告的轉化率就越高。

流量是快消品，認知是耐用品。流量用一次就要買一次，但是穩固的認知可以帶來持久的、免費的流量。品牌想要長紅，關注點必須從爭奪流量轉到建立認知，認知才是品牌最

穩定、最便宜、最可以重複使用的流量。

品牌認知足夠強大,流量效果就會水到渠成。研究表明,同樣投放一波效果廣告,擁有強大認知的品牌比擅長流量運營的品牌轉化率更高。當大品牌對消費者進行廣告提示時,選購該品牌的比例會提升;當小品牌對消費者進行廣告提示時,選購大品牌的比例同樣會提升。

認知越強,後勁越足。品牌廣告和流量廣告並不矛盾,品牌認知越強的公司,在流量廣告上的**轉化率越高**。由品牌建立有效的認知,再加上流量精準推送的雙向組合,相當於在認知的大樹下撿拾勝利的果實。

品牌與流量是硬幣的兩面,協同才能創造更大的價值。流量廣告的本質是通路,流量型平臺上的大多數廣告都帶有促銷性質。但促銷只是一次性的,而品牌在消費者頭腦建立認知之後會持續很長時間。消費者下次在通路看到這個產品,就會更傾向於選擇它。

流量與直播的作用是提升短期銷量,但解決不了品牌的長期發展。精準流量與直播是促使用戶即刻購買,難以創造有效的品牌認知。首先,精準流量所接觸的受眾範圍有限,無法

破圈形成社會共識；其次，想在流量廣告裡講清楚品牌價值，想靠一次直播就說服消費者產生信任是不現實的。

引爆流量不等於引爆品牌，流量紅利無法沉澱品牌資產。品牌激活的過程中，最大的誤區就是把引爆流量當作引爆品牌，所以跨界合作、借勢行銷等才會風靡網際網路。這些方法的確為消費者提供了新的生活場景，但往往缺乏品牌價值主張。採用這些方法雖然可能從流量中收割利潤，但品牌資產也會被流量倒灌，甚至患上流量依賴症。

流量投放的勤奮，掩蓋不了品牌建設的缺失。一個產品的銷售應該是「基本盤＋增量」組成。品牌建設帶來的是「基本盤」，流量促銷手段帶來的是「增量」。基本盤薄弱，增量就難以持續。對於企業而言，應該把核心精力用在致力於提高「基本盤」上。

花錢雖然能買得到流量，但買不到真正的影響力。買流量只能解決觸及率的問題，剩下的問題都要靠品牌和產品自身去解決。所有的傳播手段和目的，都是讓品牌在用戶心智中占據一個位置。沒有心智占有率的品牌只是短期繁榮，誤把買來的流量當作自己的影響力。

買流賣貨的方式意味著利潤會被困在獲客成本裡。如果用戶僅僅在流量平臺上看了你一眼就下單，因為低價買你的產品嘗鮮，也會在明天因為對手更低價而轉身去嘗試別人。流量本質上就是流動的用戶，這些用戶來過即走，沒有過多期待，最終是個零和博弈的生意。

流量既留不住量，也留不住人心。有些新品牌希望通過流量獲取更多觸及，激發用戶的興趣，用戶也許會嘗試一次。但如果沒有超出預期的驚喜，他們不會和你產生黏性，依然會回歸自己認可的主流品牌。再多的流量也是用完即走，留不住的流量都成了沉沒成本。

沒有品牌勢能的積累和心智認知的固化，流量再洶湧也是短期效應，只能帶來短期刺激。而品牌的本質是心智認知，心智認知的建設需要長期努力和關鍵時點的引爆。任何情緒刺激，都只適合短暫的衝動性消費，對於培養長期的品牌偏好和消費習慣幾乎沒有幫助，因為情緒作用來得快，消散得更快。

通過流量加持快速崛起，往往是速生也是速朽的。購買流量只能解決觸及率的問題，剩下的問題都要靠品牌和產品自身去解決。沒有心智占有率就只能是短期繁榮，誤把買來的流量當作影響力。

後記

　　每年我都會與上千個客戶交流，在交流中碰撞出的火花我會用手機做下紀錄；週末或假期中我會看許多書，並逐一寫下讀筆記。這些思考的碎片慢慢積攢起來，組成了這本書──《獲利》，也是我從事品牌行銷行業 30 年的心得與反思。

　　回望 2023 年的國內消費市場，反彈遠遠不及我們的預期：人口紅利消失了，消費者預期和信心不足，線下流量在腰斬，傳統電商的增長日益困難，興趣電商能增長卻很難賺到錢。面對這麼多的挑戰，企業有什麼突圍之道？中國有沒有進入日本 20 世紀 80 年代的「失去的 20 年」？類似這樣的討論甚囂塵上。同時，我們也目睹了過去 10 年行銷的迷失，似乎學會了很多新技術、新演算法、新行銷的手段，但生活過得越來越艱難。新的流量窪地在哪裡？新的增長曲線在哪兒？各種增長焦慮盤桓在企業身上經久不散。

過去管道、流量為王，必然會出現百花齊放。但在未來存量博弈的市場中，只有一條顛撲不破的真理：品牌是商業世界中最大的馬太效應。如何回歸行銷的本質？我在書中提煉了許多關於品牌定位、市場行銷和競爭戰略的理論和觀點。在此特別感謝北京大學國家發展研究院管理學教授宮玉振老師，宮玉振老師在《善戰者說》《鐵馬秋風集》等書中所闡述的競爭戰略，讓我理解兵法和商法的相通之處，給予我非常大的啟發，我在書中也有引用他的一些精彩論述；感謝傑克・特魯特、艾・里斯、菲力普・科特勒、彼得・杜拉克等行銷學、管理學大師，他們所提出的定位理論和行銷理念，每次重讀都令我產生新的領悟與思考。

　　在這本書中，或許你會找到一句直擊痛點的答案，如果你想更深入地瞭解品牌行銷的底層邏輯，我在後面列出了一系列對我影響重大的參考推薦書目，希望也能對你有所啟發。

悲觀者正確，但唯有樂觀者才能前行。在過去的 20 年，中國一條大河一路向前，在未來 10 年，中國人對美好生活的嚮往也依舊沒有改變，中國依舊是全球最具消費力的市場之一。無論市場如何波動，我們要做的都是時刻心存正念、做好準備，不斷思考自己的獨特價值，思考創業的初衷，給消費者一個選擇你的理由。

我們相信，「中國式強品牌」一定可以穿越週期、韌性增長。

註釋

第一章

1 本段引自馮衛東作品《升級定位》第 5 章「定位理論三大貢獻之二：競爭的基本單位是品牌」，略有改動。
2 本段引自宮玉振作品《鐵馬秋風集》「遠離短期目標的陷阱：確定戰略目標的三條原則」，略有改動。
3 本段引自宮玉振作品《善戰者說》「第三講 全勝：競爭的四個層面」，略有改動。
4 本段引自宮玉振作品《善戰者說》「第八講 並力：戰略資源的集中」，略有改動。
5 本段引自宮玉振作品《善戰者說》「第四講 先勝：攻守時機的把握」，略有改動。
6 本段引自宮玉振作品《善戰者說》「第八講 並力：戰略資源的集中」，略有改動。
7 本段引自宮玉振作品《善戰者說》「第三講 全勝：競爭的四個層面」，略有改動。
8 本段引自宮玉振作品《善戰者說》「第十講 機變：打法的機動靈活」，略有改動。
9 本段引自宮玉振作品《善戰者說》「第八講 並力：戰略資源的集中」，略有改動。
10 本段引自宮玉振作品《善戰者說》「第八講 並力：戰略資源的集中」，略有改動。
11 本段引自傑克‧特魯特作品《大品牌大問題》「第 18 章 成也 CEO，敗也 CEO」，略有改動。
12 本段引自宮玉振作品《善戰者說》「第五講 任勢：資源效能的放大」，略有改動。
13 本段引自宮玉振作品《善戰者說》「第九講 主動：對抗局面的掌控」，略有改動。
14 本段引自宮玉振作品《善戰者說》「第八講 並力：戰略資源的集中」，略有改動。

15 本段引自宮玉振作品《善戰者說》「第五講 任勢：資源效能的放大」，略有改動。

16 本段引自宮玉振作品《鐵馬秋風集》「對話謝絢麗：如何理解中西方競爭戰略的異同」，略有改動。

17 本段引自艾・里斯、傑克・特魯特作品《商戰》「第12章 啤酒戰：重兵旅的衝鋒」，略有改動。

18 本段引自艾・里斯、傑克・特魯特作品《商戰》「四種戰略形式」，略有改動。

19 本段引自宮玉振作品《善戰者說》「第一講 五事：管理的五大要素」，略有改動。

20、21 均引自宮玉振「浮躁的時代，我們為什麼需要長期主義？」（本文修改後收入《定力》），略有改動。

22 本段引自宮玉振作品《鐵馬秋風集》「遠離短期目標的陷阱：確定戰略目標的三條原則」，略有改動。

第四章

23 本段引自宮玉振作品《善戰者說》「第五講 任勢：資源效能的放大」，略有改動。

第五章

24 本段引自傑克・特魯特、史蒂夫・里夫金作品《重新定位》，略有改動。

參考書目

艾·里斯，傑克·特魯特．定位 [M]．北京：機械工業出版社，2002．

艾·里斯，傑克·特魯特．商戰 [M]．北京：機械工業出版社，2011．

艾·里斯，傑克·特魯特．營銷革命 [M]．北京：機械工業出版社，2017．

艾·里斯，傑克·特魯特．22 條商規 [M]．北京：機械工業出版社，2013．

彼得·杜拉克．卓有成效的管理者 [M]．北京：機械工業出版社，2009．

拜倫·夏普．非傳統行銷 [M]．北京：中信出版社，2016．

丹尼爾·康納曼．思考，快與慢 [M]．北京：中信出版社，2012．

大衛·奧格威．奧格威談廣告 [M]．北京：中信出版社，2021．

菲力普·科特勒，凱文·萊恩·凱勒，亞歷山大·切爾內夫．營銷管理 [M]．北京：中信出版社，2023．

馮衛東．升級定位 [M]．北京：機械工業出版社，2020．

宮玉振．善戰者說 [M]．北京：中信出版社，2020．

宮玉振. 鐵馬秋風集 [M]. 北京：中信出版社，2021.

宮玉振. 定力 [M]. 北京：中信出版社，2023.

金槍大叔. 借勢 [M]. 北京：北京聯合出版公司，2022.

馬修・威爾克斯. 暢銷的原理 [M]. 北京：北京聯合出版公司，2020.

葉茂中. 衝突 [M]. 北京：機械工業出版社，2017.

張雲. 品類創新 [M]. 北京：機械工業出版社，2022.

獲利：尋找關鍵時機 all in 的 36 個獲利根本模式 / 江南春作. -- 一版. -- 臺北市：時報文化出版企業股份有限公司, 2025.05
面；　　公分. -- (Big ; 457)
ISBN 978-626-419-335-1 (平裝)

1.CST: 企業經營 2.CST: 企業管理 3.CST: 行銷策略
494　　　　　　　　　　　　　　　　　　　　　　　　　　　　　114002787

© 江南春 2023
本書中文繁體版通過中信出版集團股份有限公司授權
時報文化出版企業股份有限公司在全球除中國大陸地區
獨家出版發行
ALL RIGHTS RESERVED

ISBN 978-626-419-335-1
Printed in Taiwan

BIG 457
獲利：尋找關鍵時機 all in 的 36 個獲利根本模式

作者　江南春　｜主編　謝翠鈺　｜企劃　鄭家謙　｜封面設計　魚展設計　｜美術編輯　SHRTING WU　｜董事長　趙政岷　｜出版者　時報文化出版企業股份有限公司　108019 台北市和平西路三段 240 號 7 樓　發行專線—(02)2306-6842　讀者服務專線—0800-231-705・(02)2304-7103　讀者服務傳真—(02)2304-6858　郵撥—19344724 時報文化出版公司　信箱—10899 台北華江橋郵局第九九信箱　時報悅讀網—http://www.readingtimes.com.tw　｜法律顧問　理律法律事務所　陳長文律師、李念祖律師　｜印刷　勁達印刷有限公司　｜一版一刷　2025 年 5 月 23 日　｜定價　新台幣 400 元　｜缺頁或破損的書，請寄回更換

時報文化出版公司成立於 1975 年，並於 1999 年股票上櫃公開發行，
於 2008 年脫離中時集團非屬旺中，以「尊重智慧與創意的文化事業」為信念。